Théories de Robert Oppenheimer

pour débutants

Tim Bouh

Le nom de Robert Oppenheimer est l'un des rares dans l'histoire de l'humanité qui semble résumer à la fois une curiosité sans fin et la complexité de l'esprit humain. Les contributions d'Oppenheimer à la fabrication de la bombe atomique sont largement saluées. Il est connu comme un brillant physicien qui a dirigé le projet Manhattan. Mais ce livre intéressant tente d'approfondir les idées mystérieuses qui ont fait l'héritage intellectuel d'Oppenheimer si grand.

Plan du livre

Introduction

Ce livre explique en détail comment l'esprit de ce célèbre scientifique fonctionnait à différents niveaux. Il emmène les lecteurs dans un voyage fascinant à travers l'esprit d'Oppenheimer, démêlant le réseau complexe d'idées qui ont façonné sa vision du monde et conduit à certaines des découvertes les plus importantes en physique et dans d'autres domaines.

En approfondissant les idées d'Oppenheimer, nous découvrons un homme qui travaille à l'intersection de la mécanique quantique, de l'astrophysique et de la philosophie. Ce livre tente d'expliquer ses idées les plus importantes, de son intérêt pour l'intrication quantique et la nature de la matière à son exploration du cosmos et à ce que son travail signifie pour le tissu de la réalité lui-même.

Ce livre examine certaines des idées les moins connues d'Oppenheimer. Cela montre comment il a réfléchi à la manière dont tout dans l'univers est connecté, aux limites de la connaissance humaine et aux problèmes métaphysiques découlant des mystères de la création. De la même manière qu'Oppenheimer a tenté de repousser les limites de la recherche scientifique traditionnelle, ce livre encourage les lecteurs à sortir de leur zone de confort intellectuel et à embrasser les mystères de la vie.

Ce livre capture la grandeur et l'éclat des théories d'Oppenheimer grâce à des recherches minutieuses et une narration vivante. Il plonge également les lecteurs dans l'histoire mouvementée qui a conduit à ces idées. Tissant ensemble les découvertes scientifiques, les histoires personnelles et les implications sociales et éthiques du travail d'Oppenheimer, cette enquête promet non seulement une compréhension plus profonde de l'homme lui-même, mais également une nouvelle façon de regarder l'intersection de la science, de la philosophie et de la nature humaine.

Ce livre est un excellent exemple de la puissance de l'esprit humain et de la soif de connaissances qui anime les grands esprits. Rejoignez-nous dans cet incroyable voyage alors que nous découvrons les mystères derrière les théories de Robert Oppenheimer et embrassons l'impressionnante complexité de l'univers, qui l'a à la fois fasciné et dérouté au cours de sa longue et fructueuse carrière.

Robert Oppenheimer est né à New York le 22 avril 1904. Il était un physicien américain bien connu et l'une des personnes les plus importantes dans la création de la bombe atomique. Pendant la Seconde Guerre mondiale, il a joué un rôle clé dans le projet Manhattan, qui a conduit à la fabrication des premières bombes atomiques.

Oppenheimer a grandi dans une famille aisée. Son père était un homme d'affaires allemand prospère qui avait déménagé aux États-Unis. Dès son plus jeune âge, il a montré qu'il était très intelligent en réussissant bien à l'école et en s'intéressant naturellement au monde qui l'entourait. Il fréquente la prestigieuse Ethical Culture School de New York, puis étudie la physique à l'Université Harvard, où il obtient son diplôme avec distinction en 1925.

Après avoir obtenu son doctorat. Diplômé en physique de l'Université de Göttingen en Allemagne, Oppenheimer est retourné aux États-Unis et a commencé à enseigner à l'Université de Californie à Berkeley. Ses travaux en mécanique quantique, en physique nucléaire et en astrophysique l'ont fait connaître comme un scientifique très intelligent.

À la fin des années 1930, Oppenheimer s'inquiétait de plus en plus de la dangerosité de l'Allemagne nazie et de la possibilité de fabriquer des armes plus puissantes. Cela l'a amené à travailler sur le projet Manhattan, un programme de recherche top secret dirigé par le gouvernement américain pour fabriquer une bombe atomique. Oppenheimer a été chargé du volet scientifique du projet et a dirigé les scientifiques qui y travaillaient au laboratoire de Los Alamos au Nouveau-Mexique. Sa capacité à diriger, ainsi que ses connaissances scientifiques et sa capacité à faire avancer les choses, ont été essentielles au succès du projet. Malgré de nombreux problèmes techniques et questions morales, l'équipe d'Oppenheimer réussit à construire et à tester la première bombe atomique en juillet 1945. Après la fin de la Seconde Guerre mondiale et les bombardements atomiques d'Hiroshima et de Nagasaki, qui ont causé de nombreux dégâts, Oppenheimer est déchiré par l'immense puissance qu'il a contribué à libérer. Il est devenu un fervent partisan de la limitation des armes nucléaires et de la collaboration avec d'autres pays dans le domaine de la recherche scientifique. Mais dans les premières années de la guerre froide, alors qu'il y avait beaucoup de sentiments anticommunistes aux États-Unis, les opinions politiques d'Oppenheimer et ses liens avec des intellectuels de gauche ont rendu le gouvernement méfiant à son égard.

En 1954, il s'est présenté à une audience d'habilitation de sécurité, où sa loyauté a été remise en question. Même si Oppenheimer a été innocenté de tout acte répréhensible, sa réputation politique et morale a été blessée. Sa carrière a été affectée par le scandale et il a finalement perdu son habilitation de sécurité.

Dans les années qui suivirent, Oppenheimer se tourna vers l'enseignement et la théorie de la physique. Il devient professeur à l'Institute for Advanced Study de Princeton, New Jersey, où il continue d'aider la communauté scientifique. Il a apporté d'importantes contributions à la physique théorique, notamment dans les domaines de la mécanique quantique et de l'étude des trous noirs. Même si l'audience d'habilitation de sécurité a nui à sa vie personnelle et professionnelle, les contributions d'Oppenheimer à la science et son rôle dans la fabrication d'armes atomiques ne peuvent être oubliés. Robert Oppenheimer est décédé le 18 février 1967. C'était un brillant physicien hanté par les questions morales que soulevaient ses travaux. Mais personne ne peut nier qu'il a changé la science et qu'il a joué un rôle clé dans la physique nucléaire.

La théorie du processus Oppenheimer-Phillips

Au début du XXe siècle, l'étude des atomes et de leurs composants fait de grands progrès grâce à la mécanique quantique et aux travaux de quelques scientifiques pionniers. Robert Oppenheimer et Julius Phillips étaient deux scientifiques qui nous ont aidés à comprendre les particules nucléaires de manière importante. En 1935, ils ont élaboré la théorie des processus Oppenheimer-Phillips, qui expliquait de quoi sont réellement constitués les noyaux atomiques. Cette théorie disait que les protons et les neutrons, qui sont les éléments constitutifs des noyaux atomiques, ne sont pas des particules élémentaires en eux-mêmes, mais sont constitués de particules plus fondamentales appelées « nucléons ». Dans ce chapitre, nous entrerons dans les détails de cette théorie et examinerons ce qu'elle signifie pour notre compréhension du monde atomique.

Avant de pouvoir parler de la théorie des processus Oppenheimer-Phillips, nous devons la replacer dans le contexte scientifique de l'époque. On a beaucoup appris sur les particules atomiques à la fin des années 1920 et au début des années 1930. Les expériences d'Ernest Rutherford sur la manière dont les particules alpha étaient dispersées par des feuilles d'or ont montré que la charge positive d'un atome est concentrée dans une petite zone dense que nous appelons aujourd'hui le noyau. Mais on ne savait toujours pas de quoi étaient constitués ces noyaux.

Sur la base de ce que l'on savait déjà sur le noyau atomique, Oppenheimer et Phillips ont eu l'idée que les protons et les neutrons ne sont pas des particules élémentaires, mais sont plutôt constitués d'éléments plus fondamentaux appelés nucléons. Même s'ils ne savaient pas exactement ce qu'étaient les nucléons, ils pensaient que ces particules devaient avoir des propriétés différentes qui expliquent pourquoi les protons et les neutrons se comportent comme ils le font.

La théorie du processus Oppenheimer-Phillips affirme que de fortes forces nucléaires maintiennent ensemble les nucléons à l'intérieur d'un proton ou d'un neutron. Les noyaux atomiques sont stables et agissent d'une certaine manière en raison de ces forces. Des recherches plus approfondies ont montré que les nucléons eux-mêmes ont des qualités étranges : ils ont des charges électriques fractionnaires, tournent et interagissent les uns avec les autres par l'intermédiaire d'autres forces subatomiques.

Au cours des décennies qui ont suivi, de nombreuses expériences ont soutenu la théorie des processus d'Oppenheimer-Phillips. Les scientifiques ont réalisé des expériences de diffusion avec des particules de haute énergie pour découvrir comment les composants internes des noyaux atomiques sont constitués. Ces tests ont montré que les nucléons existent réellement et ont confirmé que les protons et les neutrons possèdent bien des sous-structures.

La théorie du processus Oppenheimer-Phillips a changé notre façon de penser les noyaux atomiques en montrant qu'ils ont une sous-structure plus complexe que nous ne le pensions. Cette théorie a conduit à davantage de progrès en physique des particules et en chromodynamique quantique, qui étudie la manière dont les particules subatomiques interagissent les unes avec les autres. Cela a également eu des effets importants sur la fusion et la fission nucléaires, puisque le comportement et la stabilité des noyaux atomiques sont des éléments clés de ces processus.

Depuis sa création, les scientifiques ont amélioré et enrichi la théorie des processus Oppenheimer-Phillips. Les améliorations apportées aux méthodes expérimentales et aux cadres théoriques ont aidé les scientifiques à en apprendre davantage sur le nucléon et ses composants. En outre, les progrès technologiques, tels que les accélérateurs de particules, ont permis aux scientifiques d'approfondir leur connaissance du monde subatomique et d'en apprendre davantage sur la nature des nucléons et des noyaux atomiques.

Robert Oppenheimer et Julius Phillips ont proposé la théorie des processus Oppenheimer-Phillips en 1935, qui a changé notre façon de penser les noyaux atomiques. En supposant que les protons et les neutrons contiennent des nucléons, Oppenheimer et Phillips ont permis à la physique des particules et à la science nucléaire de progresser. Le fait que cette théorie existe toujours montre à quel point la recherche scientifique et la quête incessante de connaissances sont importantes pour résoudre les mystères de l'univers.

La théorie des processus Oppenheimer-Phillips a été utilisée de différentes manières dans la recherche et la technologie. Comprendre comment les noyaux atomiques sont constitués et ce qu'ils font est important pour fabriquer de l'énergie nucléaire et des armes nucléaires. La théorie constitue la base de la compréhension des réactions nucléaires telles que la fusion nucléaire, la fission et la désintégration radioactive.

En outre, le domaine de la physique des particules a progressé grâce à l'étude des nucléons et de la manière dont ils interagissent les uns avec les autres. Les scientifiques ont découvert que les nucléons sont constitués de particules subatomiques comme les quarks et les gluons. Cela nous permet de mieux comprendre les particules de base qui composent la matière.

Les propriétés des nucléons et leur rôle dans la structure et le mouvement des noyaux atomiques sont encore à l'étude. Les collisionneurs de particules à haute énergie, comme le Large Hadron Collider, permettent d'étudier la sous-structure des nucléons et d'en apprendre davantage sur la puissante force nucléaire qui les maintient ensemble. Ces expériences nous aident à en apprendre davantage sur les particules et les forces fondamentales qui composent l'univers.

La théorie des processus Oppenheimer-Phillips est importante car elle nous a aidé à en apprendre davantage sur les noyaux atomiques. En affirmant que les nucléons existent, Oppenheimer et Phillips ont remis en question l'idée selon laquelle les protons et les neutrons sont de simples particules et ont attiré l'attention sur la complexité du noyau atomique. Les effets de cette théorie vont au-delà de la physique nucléaire, affectant le développement de cadres théoriques et de méthodes expérimentales en physique des particules dans son ensemble. Il montre à quel point le progrès scientifique est itératif et collaboratif, avec de nouvelles théories s'appuyant sur les anciennes et les améliorant.

En outre, la théorie des processus d'Oppenheimer-Phillips montre comment les gens sont capables d'apprendre et de comprendre le fonctionnement de l'univers. Il montre comment les scientifiques sont motivés par leur curiosité et leur créativité pour percer les mystères de la nature et repousser les limites de ce que nous savons.

En 1935, la théorie des processus Oppenheimer-Phillips expliquait que les nucléons sont les particules de base qui composent les protons et les neutrons des noyaux atomiques. Cette théorie a changé notre façon de penser la structure des atomes, la façon dont les noyaux interagissent et la physique des particules en général. Cela a conduit aux progrès de l'énergie nucléaire, des accélérateurs de particules et à notre compréhension des forces fondamentales qui façonnent l'univers.

La théorie du processus Oppenheimer-Phillips est un exemple durable de la manière dont les gens voudront toujours en savoir plus et de l'importance pour les scientifiques de travailler ensemble. Alors que les scientifiques continuent d'étudier le monde subatomique et de percer les mystères de l'univers, les découvertes et les enseignements de cette théorie restent très importants pour notre façon de penser les éléments fondamentaux de la matière. La théorie du processus Oppenheimer-Phillips a été critiquée et débattue, comme toute autre théorie scientifique. Les idées d'Oppenheimer et Phillips sur la nature exacte des nucléons ont été une source majeure de désaccord. Même si des recherches ultérieures ont montré que les nucléons sont constitués de quarks et de gluons, la théorie originale n'expliquait pas très bien la structure et les propriétés des nucléons.

La théorie du processus Oppenheimer-Phillips a également été critiquée pour avoir rendu la structure du noyau trop facile à comprendre. Certains scientifiques affirment que même si les nucléons ont un effet important sur le comportement des protons et des neutrons, ils ne sont peut-être pas la seule chose dans les noyaux atomiques qui leur confère leurs propriétés. La théorie ne prend pas en compte d'autres particules ou interactions possibles qui pourraient affecter le comportement des nucléons dans l'ensemble des noyaux.

Même si la théorie des processus d'Oppenheimer-Phillips a été critiquée et débattue, elle a ouvert la voie à davantage de recherche et d'exploration en physique nucléaire et en physique des particules. De nombreuses questions restent sans réponse sur la nature exacte des nucléons et la manière dont ils interagissent au sein des noyaux atomiques. En utilisant des techniques et des technologies plus avancées, de futures expériences tentant de répondre à ces questions restées sans réponse pourraient les éclairer. Une question sans réponse concerne la provenance des nucléons et leur stabilité. Les scientifiques tentent encore de comprendre comment les quarks et les gluons se comportent à l'intérieur des nucléons. Ils veulent savoir ce qui cause la forte force nucléaire et l'énergie de liaison des noyaux atomiques. Des travaux sont également en cours pour découvrir les propriétés et les comportements de nucléons inhabituels comme les hypérons et les mésons, ce qui pourrait nous aider à comprendre la matière dense et les phénomènes astrophysiques.

La théorie des processus Oppenheimer-Phillips a changé notre façon de penser les noyaux atomiques et les particules de base qui les composent. Même si cette théorie a suscité des désaccords et des critiques, elle a conduit à davantage de recherches et d'explorations scientifiques. Alors que notre compréhension des nucléons, des noyaux atomiques et du monde subatomique continue d'évoluer grâce à de nouvelles expériences et théories, la théorie des processus d'Oppenheimer-Phillips reste une étape importante dans la quête en cours pour comprendre le fonctionnement de l'univers.

La théorie d'Oppenheimer et Volkof

Robert Oppenheimer et George Volkoff ont proposé la théorie d'Oppenheimer-Volkoff en 1939. Cette théorie a grandement amélioré notre compréhension des étoiles denses et effondrées appelées « naines blanches ». Cette théorie donne une explication complète de comment et pourquoi les naines blanches se comportent et ressemblent à elles. Les naines blanches naissent lorsqu'une étoile manque de combustible nucléaire. Dans ce chapitre, nous entrerons dans les détails de la théorie d'Oppenheimer-Volkoff et verrons ce qu'elle signifie dans la façon dont nous comprenons ces étonnants objets spatiaux.

Avant de parler de la théorie d'Oppenheimer-Volkoff, il est important de comprendre comment les étoiles évoluent au fil du temps. La matière interstellaire, composée principalement d'hydrogène et d'hélium, est rassemblée par gravité pour former des étoiles. Lors du processus de fusion nucléaire, l'hydrogène est transformé en hélium, qui dégage beaucoup d'énergie. Les étoiles restent stables parce que la pression exercée vers l'extérieur par les réactions de fusion qui se produisent dans leur noyau équilibre l'attraction gravitationnelle.

Au cours de son cycle de vie, une étoile finit par manquer de combustible nucléaire. Lorsque la masse d'une étoile est inférieure à environ huit fois celle du Soleil, le noyau rétrécit et les couches externes grandissent, formant une géante rouge. Mais dans les étoiles plus massives, le noyau s'effondre rapidement et de manière catastrophique parce que l'attraction gravitationnelle et la fin de la fusion nucléaire sont déséquilibrées.

La théorie d'Oppenheimer et Volkoff est basée sur la façon dont les étoiles se comportent lorsqu'elles sont au stade de naine blanche. D'après leurs découvertes, lorsqu'une grande étoile manque de combustible nucléaire, la gravité l'emporte sur la pression extérieure, provoquant l'effondrement du noyau sous la force de la gravité. La matière restante devient si dense qu'elle adapte une masse égale à celle du Soleil dans une zone de la taille de la Terre. Lorsque ce noyau se désagrège, cela donne naissance à une naine blanche.

La théorie d'Oppenheimer-Volkoff affirme que la pression de dégénérescence des électrons est la raison pour laquelle les naines blanches sont stables et se comportent comme elles le font. À mesure que la gravité comprime le noyau, les électrons sont forcés de pénétrer dans des zones de plus en plus petites de l'espace. Cela rend la densité des électrons très élevée. À ces densités, le principe d'exclusion de Pauli dit que deux fermions, comme les électrons, ne peuvent pas être dans le même état quantique en même temps. Cette idée crée une force appelée « pression de dégénérescence électronique », qui empêche l'univers de s'effondrer encore plus.

Subrahmanyan Chandrasekhar, un astronome indien, a complété la théorie d'Oppenheimer-Volkoff en proposant l'idée de la limite de Chandrasekhar. Il a suggéré que les naines blanches ne sont stables qu'au-dessus d'une certaine masse. Si la masse d'une naine blanche dépasse cette limite, qui correspond à environ 1,44 fois la masse du Soleil, la pression exercée par la dégénérescence des électrons n'est pas suffisante pour combattre la gravité. D'autres effondrements gravitationnels se produisent, ce qui peut conduire à des catastrophes comme une supernova ou la création d'une étoile à neutrons.

Au cours des décennies qui ont suivi, la théorie d'Oppenheimer-Volkoff a été étayée par de nombreuses preuves issues d'observations et de tests. Les astronomes ont observé et étudié de nombreuses naines blanches, mesurant leur masse et leur taille. Cela a largement conforté les prédictions d'Oppenheimer et de Volkoff. Les méthodes modernes, comme la spectroscopie et la modélisation des étoiles, permettent de savoir exactement de quoi est faite une naine blanche. Cela prouve encore plus la théorie.

La théorie d'Oppenheimer-Volkoff a changé notre façon de penser à la façon dont les étoiles évoluent au fil du temps et à ce qui arrive aux étoiles massives. Cela constitue une base très importante pour comprendre les processus astrophysiques qui régissent la formation et le comportement des naines blanches. En outre, la théorie a conduit à davantage de recherches sur la physique de la matière très dense et sur les limites de la pression de dégénérescence. Les observations astronomiques et les modèles théoriques continuent de nous aider à en apprendre davantage sur les naines blanches et la physique qui les sous-tend. En utilisant la théorie d'Oppenheimer-Volkoff comme base, les scientifiques ont étudié le comportement de la matière dégénérée, comment les champs magnétiques affectent les naines blanches et si des états exotiques de la matière peuvent ou non se former à l'intérieur de ces restes stellaires denses.

Robert Oppenheimer et George Volkoff ont proposé la théorie d'Oppenheimer-Volkoff en 1939. Cette théorie nous a permis d'en apprendre beaucoup plus sur les naines blanches et leur formation. En supposant que la pression de la dégénérescence des électrons s'oppose à la gravité lors de l'effondrement d'une étoile, cette théorie donne une explication complète du comportement de ces étranges objets célestes et de leur fabrication. Nous continuons d'en apprendre davantage sur l'évolution stellaire, l'astrophysique et les lois fondamentales qui régissent l'univers à mesure que nous étudions et en apprenons davantage sur les naines blanches.

La théorie d'Oppenheimer-Volkoff n'est pas seulement importante pour l'astronomie. Il nous renseigne sur les propriétés de la matière très dense et sur le comportement des électrons dans des conditions très difficiles. L'étude des naines blanches peut aider les chercheurs dans d'autres domaines, comme la science des matériaux et la physique de la matière condensée, qui s'intéressent à la dégénérescence des électrons et aux hautes pressions.

L'objectif de davantage de recherches dans ce domaine est d'en savoir plus sur le fonctionnement de la naine blanche. Les scientifiques continuent de travailler à l'amélioration de leurs modèles théoriques de l'intérieur des naines blanches, en prenant en compte des éléments tels que les champs magnétiques, les réactions nucléaires et les effets de la relativité générale. L'étude des naines blanches chevauche l'étude des étoiles à neutrons et des trous noirs, car toutes ces choses constituent les dernières étapes de l'évolution des étoiles.

Des études d'observation et des télescopes plus avancés sont utilisés pour trouver et en apprendre davantage sur les naines blanches. Les scientifiques peuvent en apprendre davantage sur les propriétés fondamentales des naines blanches et rechercher des liens possibles avec d'autres événements astrophysiques en les observant davantage et en examinant un plus large éventail d'entre eux.

La théorie d'Oppenheimer-Volkoff est importante car elle nous aide à comprendre comment se comportent les naines blanches, qui sont des étoiles denses et effondrées. Cette théorie nous a aidé à en apprendre davantage sur l'évolution des étoiles, les limites de la pression de dégénérescence et ce qui arrive aux grandes étoiles en expliquant comment la gravité et la pression de dégénérescence électronique fonctionnent ensemble. La théorie d'Oppenheimer-Volkoff a un héritage qui va au-delà de l'astrophysique. Cela a conduit à davantage de recherches sur le comportement des électrons dans des conditions extrêmes et nous a aidé à comprendre le fonctionnement de la matière dense. Cela montre à quel point les connaissances théoriques peuvent être puissantes et combien il est important d'essayer de comprendre le fonctionnement de l'univers. Robert Oppenheimer et George Volkoff ont proposé la théorie d'Oppenheimer-Volkoff en 1939. Cette théorie a changé notre façon de penser les naines blanches et leur formation. En combinant les idées de pression de dégénérescence électronique et d'effondrement gravitationnel, cette théorie a permis de faire progresser l'astrophysique, la science des matériaux et l'étude de la matière dense. Les naines blanches font toujours l'objet d'études et de recherches, ce qui continuera à nous montrer de nouvelles choses sur l'univers et à mieux comprendre ses règles fondamentales.

La théorie d'Oppenheimer-Snyder

En 1939, Robert Oppenheimer, physicien, et Hartland Snyder, l'un de ses étudiants, ont proposé la théorie d'Oppenheimer-Snyder pour expliquer comment les étoiles massives s'effondrent en raison de leur propre gravité. Cette théorie révolutionnaire a donné naissance à l'idée d'un « trou noir », qui est un endroit dans l'espace-temps où la gravité est si forte que rien, pas même la lumière, ne peut en échapper. Dans ce chapitre, nous entrerons dans les détails de la théorie d'Oppenheimer-Snyder et parlerons de ce qu'elle nous dit sur les trous noirs.

Avant de parler de la théorie d'Oppenheimer-Snyder, il est important de savoir ce qui cause l'effondrement d'une étoile. Lorsque la matière interstellaire est rassemblée par la gravité, elle forme des étoiles. Les étoiles restent stables grâce aux réactions de fusion nucléaire qui maintiennent en équilibre leur attraction gravitationnelle et la pression de leur noyau. Mais lorsque le combustible nucléaire s'épuise dans certaines très grandes étoiles, un effondrement catastrophique se produit.

La théorie d'Oppenheimer-Snyder se concentre sur les dernières étapes de l'effondrement d'une étoile, lorsque la gravité l'emporte sur la pression des sources d'énergie de l'étoile qui la pousse vers l'extérieur. Cette théorie dit que lorsque le noyau d'une étoile s'effondre, il forme une singularité, qui est un point avec une densité et une courbure gravitationnelle infinies. La singularité est entourée d'un horizon d'événements, qui est une limite au-delà de laquelle rien ne peut échapper à la forte attraction gravitationnelle. C'est ce qui fait un trou noir.

Au fur et à mesure que le noyau s'effondre, il devient de plus en plus dense jusqu'à atteindre un point appelé rayon de Schwarzschild. À ce stade, l'attraction gravitationnelle est si forte que la vitesse de fuite est plus rapide que la vitesse de la lumière. Ce point critique définit l'horizon des événements, qui est une sphère qui entoure la singularité et dont rien, pas même la lumière, ne peut s'échapper. Lorsque l'horizon des événements se forme, l'étoile est appelée un « trou noir ».

La théorie d'Oppenheimer-Snyder introduit l'idée d'une

singularité, c'est-à-dire que le noyau effondré d'une étoile présente une densité et une courbure d'espace-temps toutes deux infinies. Cette singularité est cachée à l'intérieur de l'horizon des événements du trou noir et ne peut pas être vue directement. Lorsque la masse de l'étoile s'effondre, l' espace-temps qui l'entoure devient très courbé. Cela change la façon dont la réalité fonctionne à proximité du trou noir.

Même si la plupart des gens s'accordent désormais sur l'existence des trous noirs, il a fallu du temps pour que la théorie d'Oppenheimer-Snyder soit confirmée par des observations. Au cours des décennies suivantes, les scientifiques ont étudié un certain nombre de phénomènes astronomiques, tels que les émissions de rayons X et la façon dont les étoiles et les gaz se déplacent autour de grands objets dans l'espace, et ont découvert des preuves solides de l'existence des trous noirs. Les méthodes astronomiques modernes, telles que la détection des ondes gravitationnelles, continuent de renforcer la théorie des trous noirs.

La théorie d'Oppenheimer-Snyder a ouvert la voie à davantage de recherche et de développement dans le domaine de la physique des trous noirs. Il a accéléré l'étude des trous noirs dans le cadre de la théorie de la relativité générale d'Albert Einstein, qui décrit la relation entre la matière, la courbure de l'espace-temps et les forces gravitationnelles qui en résultent. La théorie des trous noirs a parcouru un long chemin et inclut désormais des éléments tels que la thermodynamique des trous noirs, les processus d'accrétion et la physique de la fusion des trous noirs.

La théorie d'Oppenheimer-Snyder est importante car elle a été la première à décrire les trous noirs comme des endroits dans l'espace-temps avec une gravité telle que même la lumière ne peut s'en échapper. Cela a changé notre façon de penser à la façon dont les étoiles se désagrègent et à la raison pour laquelle ces objets mystérieux existent. L'étude des trous noirs a permis de mieux comprendre les lois fondamentales de la physique, le comportement de la matière dans des conditions extrêmes et ce qu'est la gravité.

La physique des trous noirs est encore étudiée par les

scientifiques. Des observations et des études se poursuivent pour en savoir plus sur la composition des trous noirs, comment ils agissent dans différents environnements astrophysiques et comment ils pourraient être liés à d'autres événements cosmiques tels que les noyaux galactiques actifs et les sursauts gamma. L'étude des trous noirs est également liée à certaines des questions les plus importantes de la physique fondamentale, comme ce qu'est la gravité quantique et comment résoudre le paradoxe de l'information.

Robert Oppenheimer et Hartland Snyder ont proposé la théorie d'Oppenheimer-Snyder en 1939. Cette théorie a changé notre façon de penser les trous noirs en montrant qu'il s'agit d'endroits de l'espace-temps où la gravité est si forte que rien ne peut s'échapper. Cette théorie a ouvert la voie à davantage de recherches sur la physique des trous noirs, l'astrophysique et la physique de la gravité. Alors que les scientifiques continuent d'étudier et d'en apprendre davantage sur les trous noirs, ils devraient en apprendre davantage sur le fonctionnement de l'univers et sur les règles fondamentales de la nature.

La théorie du processus Oppenheimer-Phillips

Robert Oppenheimer et Melba Phillips ont déjà travaillé ensemble et il s'est appuyé sur leurs travaux antérieurs pour élaborer la théorie du processus Oppenheimer-Phillips. Cette théorie, élaborée au milieu du XXe siècle, explique comment des collisions à haute énergie entre deux photons peuvent conduire à la création d'une paire d'électrons et de positons. La théorie des processus d'Oppenheimer-Phillips a considérablement changé notre façon de concevoir la physique des particules et les interactions à haute énergie. Dans ce chapitre, nous parlerons de la complexité de cette théorie et de son importance pour le domaine.

Avant d'aborder la théorie des processus d'Oppenheimer-Phillips, il est important de savoir comment les photons entrent en collision les uns avec les autres. Les forces électromagnétiques permettent aux photons, particules élémentaires émettant un rayonnement électromagnétique, d'interagir les uns avec les autres. Si certaines conditions sont remplies, l'énergie de deux photons de haute énergie peut être transférée à d'autres particules lorsqu'elles se heurtent. La théorie des processus d'Oppenheimer-Phillips tente d'expliquer comment les paires électron-positon se forment lorsque ces particules se heurtent.

La théorie des processus d'Oppenheimer-Phillips dit que lorsque deux photons avec beaucoup d'énergie se heurtent, leur énergie peut être transformée en la masse d'une paire d'électrons et de positons. La théorie de la relativité d'Einstein dit que la masse et l'énergie peuvent être inversées et que l'énergie et l'impulsion restent toujours les mêmes. La théorie des processus Oppenheimer-Phillips nous donne un moyen de réfléchir à la manière dont ce type de changement se produit.

La physique des particules est fortement affectée par la théorie des processus d'Oppenheimer-Phillips. En expliquant comment les photons de haute énergie peuvent former des paires d'électrons et de positons, il nous aide à comprendre comment les particules élémentaires interagissent et comment l'énergie est transformée en masse. Cette théorie joue un rôle important dans la façon dont nous comprenons les particules fondamentales et dont nous étudions les interactions avec beaucoup d'énergie.

Les collisions de particules à haute énergie dans les accélérateurs de particules ont montré que la théorie des processus Oppenheimer-Phillips est vraie. Les faisceaux de photons, qui sont généralement constitués de faisceaux laser et/ou de faisceaux de particules à haute énergie, sont brisés ensemble au cours de ces expériences. En mesurant les paires d'électrons et de positons résultantes, les scientifiques peuvent prouver que la théorie des processus d'Oppenheimer-Phillips est correcte, prouvant que l'énergie peut être transformée en masse.

La théorie des processus d'Oppenheimer-Phillips a apporté d'importantes contributions au domaine de la physique des hautes énergies. Il nous a aidé à en apprendre davantage sur la physique des particules et sur le comportement des particules élémentaires à hautes énergies en nous fournissant un cadre théorique pour comprendre comment les photons interagissent les uns avec les autres. Cette théorie a également été utilisée pour trouver des moyens d'étudier et de contrôler les photons de haute énergie et la manière dont ils interagissent les uns avec les autres.

À mesure que la technologie s'améliore, les scientifiques peuvent examiner des échelles d'énergie plus élevées et mesurer les collisions photon-photon avec plus de précision. Les chercheurs tentent toujours d'en apprendre davantage sur le processus Oppenheimer-Phillips et sur son fonctionnement. Nous continuons également à en apprendre davantage sur la physique des particules et sur les forces et particules fondamentales qui dirigent l'univers tout en étudiant d'autres processus et interactions impliquant des photons de haute énergie.

Les résultats de la théorie des processus d'Oppenheimer-Phillips peuvent être utilisés au-delà de la simple recherche fondamentale. Les techniques d'imagerie médicale , telles que la tomographie par émission de positons (TEP), qui utilise la destruction d'électrons et de positrons pour réaliser des images du corps humain, ont eu recours à des collisions photon-photon.

Ces utilisations montrent comment la théorie des processus Oppenheimer-Phillips peut être utilisée dans de nombreux domaines scientifiques et technologiques différents.

Robert Oppenheimer et Melba Phillips ont proposé la théorie des processus Oppenheimer-Phillips, qui joue un rôle clé dans notre compréhension de la physique des particules et des interactions à haute énergie. Cette théorie nous aide à comprendre comment se comportent les photons de haute énergie et comment ils peuvent changer, ce qui conduit à la création de paires électron-positon. La théorie des processus d'Oppenheimer-Phillips continue de nous aider à en apprendre davantage sur les éléments fondamentaux de la matière et les événements de haute énergie qui façonnent l'univers grâce à l'expérimentation et à la recherche en cours.

La théorie de l'effet Oppenheimer-Phillips

Robert Oppenheimer et Melba Phillips ont proposé la théorie de l'effet Oppenheimer-Phillips en 1940. Cela s'ajoutait à leurs travaux en physique nucléaire et en physique des particules. Cette théorie étudie la manière dont les photons de haute énergie sont diffusés par la matière, en particulier la manière dont les photons interagissent avec les électrons des atomes. La théorie des effets Oppenheimer-Phillips nous aide à en apprendre davantage sur le comportement de la lumière et de la matière en examinant ces interactions. Dans ce chapitre, nous parlerons de la complexité de cette théorie et de son importance pour le domaine.

Avant d'aborder la théorie des effets Oppenheimer-Phillips, il est important de savoir comment les photons et la matière interagissent à un niveau basique. En tant que particules lumineuses et transmetteurs de rayonnement électromagnétique, les photons peuvent affecter la matière par le biais de forces électriques et magnétiques. Lorsque les photons entrent en contact avec des atomes ou des électrons atomiques, ils peuvent être absorbés, diffusés ou subir d'autres processus qui affectent leur action et le comportement de la matière.

La théorie de l'effet Oppenheimer-Phillips explique comment les photons de haute énergie sont diffusés par la matière, en mettant l'accent sur la manière dont les photons et les électrons des atomes interagissent. La théorie nous donne un moyen de réfléchir à la manière dont les photons sont déviés, absorbés ou modifiés d'une autre manière lorsqu'ils entrent en contact avec des électrons atomiques. La théorie des effets Oppenheimer-Phillips nous aide à en savoir plus sur le comportement de la lumière et de la matière en montrant comment fonctionnent ces interactions.

La théorie de l'effet Oppenheimer-Phillips est basée sur les travaux d'Arthur Holly Compton, qui a écrit sur la façon dont les électrons diffusent les rayons X. C'est ce qu'on appelle maintenant la « diffusion Compton ». Cela se produit lorsqu'un photon donne son énergie et son élan à un électron. Cela provoque un changement de longueur d'onde et de direction du photon. La théorie de l'effet Oppenheimer-Phillips s'appuie sur ces idées et nous aide à en apprendre davantage sur la manière dont les photons et la matière interagissent.

La théorie de l'effet Oppenheimer-Phillips a beaucoup à voir avec la manière dont nous réfléchissons au comportement de la lumière et de la matière. Cette théorie nous aide à comprendre comment la lumière est diffusée, absorbée et émise par la matière. Pour ce faire, il explique les règles de base qui régissent la façon dont les photons et les électrons atomiques interagissent les uns avec les autres. Il nous aide à en apprendre davantage sur la façon dont la lumière et la matière interagissent à un niveau fondamental et contribue à la physique, à la science des matériaux et à la chimie, entre autres domaines scientifiques.

La théorie de l'effet Oppenheimer-Phillips a été étayée par de nombreuses preuves expérimentales. Grâce à des expériences dans lesquelles des photons de haute énergie étaient diffusés par la matière, les chercheurs ont mesuré et analysé le schéma des photons diffusés, ce qui a prouvé que la théorie était correcte. Nous continuons d'en apprendre davantage sur la façon dont les photons interagissent avec la matière en examinant comment les photons se comportent à différents niveaux d'énergie et dans différents types de matière.

La théorie des effets Oppenheimer-Phillips est utilisée dans de nombreux domaines scientifiques et technologiques. En utilisant ce que nous avons appris de cette théorie, nous pouvons créer des éléments tels que des cristaux photoniques et des métamatériaux dotés de propriétés optiques spécifiques. Cette théorie touche également de nombreux domaines différents, tels que la spectroscopie, les techniques d'imagerie ou encore la conception de nouveaux dispositifs optiques.

La théorie de l'effet Oppenheimer-Phillips nous a aidé à comprendre la mécanique quantique en nous montrant comment se comportent les photons et les électrons des atomes. Il montre les principes de l'électrodynamique quantique , qui est l'étude de la manière dont les particules chargées et le rayonnement électromagnétique interagissent. L'utilisation par la théorie des effets quantiques et sa capacité à expliquer comment les photons et la matière interagissent sont deux éléments importants de la mécanique quantique dans son ensemble.

Robert Oppenheimer et Melba Phillips ont proposé la théorie de l'effet Oppenheimer-Phillips. Cette théorie nous aide à comprendre comment les photons de haute énergie sont diffusés par la matière, en particulier comment les photons et les électrons atomiques interagissent. Cette théorie nous aide à en savoir plus sur le comportement de la lumière et de la matière et peut être utilisée dans de nombreux domaines scientifiques. Grâce à l'expérimentation et aux recherches en cours, la théorie de l'effet Oppenheimer-Phillips continue d'enrichir nos connaissances sur la manière dont les photons interagissent avec la matière et sur les règles de base qui régissent le comportement de la lumière et de la matière.

La théorie du mécanisme d'Oppenheimer-Phillips

Robert Oppenheimer et Melba Phillips ont proposé la théorie du mécanisme d'Oppenheimer-Phillips en 1947 pour expliquer comment les rayons cosmiques de haute énergie interagissent avec la matière dense pour former des pluies de particules. Cette théorie nous apprend des choses importantes sur le fonctionnement du rayonnement cosmique et sur la fabrication des particules subatomiques. Dans ce chapitre, nous examinerons les détails de la théorie des mécanismes d'Oppenheimer-Phillips et comment elle nous aide à comprendre le rayonnement cosmique et la physique des particules.

Avant d'aborder la théorie du mécanisme d'Oppenheimer-Phillips, il est important de savoir ce que sont les rayons cosmiques de haute énergie et comment ils fonctionnent. Ce sont des particules avec beaucoup d'énergie, principalement des protons et des noyaux atomiques, qui proviennent d'endroits extérieurs à notre système solaire. Les rayons cosmiques peuvent avoir des énergies bien supérieures à celles des particules fabriquées dans les accélérateurs sur Terre. Comprendre comment ces particules interagissent avec la matière est essentiel pour comprendre ce qu'est le rayonnement cosmique.

La théorie du mécanisme d'Oppenheimer-Phillips explique comment les rayons cosmiques de haute énergie interagissent avec la matière dense, généralement dans les parties supérieures de l'atmosphère terrestre ou dans les détecteurs de particules. Cette théorie dit que lorsqu'une particule de rayon cosmique de haute énergie heurte un noyau atomique, elle subit une forte collision qui transfère une grande partie de son énergie au noyau qu'elle frappe. Ce transfert d'énergie déclenche une réaction en chaîne d'interactions qui génèrent de nombreuses nouvelles particules. C'est ce qu'on appelle une « pluie de particules ».

Les rayons cosmiques de haute énergie qui provoquent des pluies de particules peuvent être expliqués par la théorie du mécanisme d'Oppenheimer-Phillips. Lorsqu'une particule de rayon cosmique heurte un noyau atomique, l'énergie transférée déclenche une réaction en chaîne. Le noyau sous tension a plus d'interactions, qui envoient plus de particules et déclenchent une réaction en chaîne où davantage de particules sont produites. Ce processus produit une pluie de particules qui peuvent être vues et étudiées au fur et à mesure de leur propagation.

La théorie du mécanisme d'Oppenheimer-Phillips est importante à bien des égards pour l'étude du rayonnement cosmique. En expliquant comment les rayons cosmiques de haute énergie provoquent des pluies de particules, il donne un cadre pour comprendre comment les rayons cosmiques se comportent et à quoi ils ressemblent. Cette théorie aide les scientifiques à comprendre de quoi est constitué le rayonnement cosmique, d'où il vient et comment il fonctionne en expliquant ce que voient les détecteurs de rayons cosmiques.

En physique des particules, la théorie des mécanismes d'Oppenheimer-Phillips peut être utilisée de différentes manières. Cela nous aide à comprendre comment les particules à haute énergie interagissent avec la matière et comment les particules secondaires sont fabriquées dans les détecteurs de particules. Dans les expériences, comme celles réalisées dans les laboratoires de physique des hautes énergies et dans les collisionneurs de particules, il est très important de comprendre le fonctionnement des gerbes de particules. Cette théorie nous aide à en apprendre davantage sur le comportement des particules dans des conditions extrêmes et sur les règles qui régissent leur interaction les unes avec les autres.

Des études sur le rayonnement cosmique et les gerbes de particules ont montré que la théorie du mécanisme d'Oppenheimer-Phillips est vraie. Les chambres à nuages, les détecteurs d'émulsion nucléaire et les calorimètres et détecteurs de suivi plus modernes sont tous des types de détecteurs de particules qui peuvent être utilisés pour observer et étudier les cascades de particules provoquées par les rayons cosmiques à haute énergie. Grâce aux recherches en cours, les scientifiques espèrent en apprendre davantage sur la formation des gerbes de particules, le comportement des particules secondaires et la provenance des rayons cosmiques.

En astrophysique des rayons cosmiques, la théorie du mécanisme d'Oppenheimer-Phillips est l'une des idées les plus importantes. Cette théorie nous aide à comprendre les processus astrophysiques et les sources de rayons cosmiques de haute énergie en nous aidant à percer les mystères du rayonnement cosmique. Il aide les scientifiques à étudier comment les rayons cosmiques se déplacent à travers la galaxie, à découvrir d'où ils viennent et à comprendre comment ils affectent l'espace entre les étoiles et entre les galaxies.

Robert Oppenheimer et Melba Phillips ont proposé la théorie du mécanisme d'Oppenheimer-Phillips en 1947. Il s'agit d'une théorie clé pour comprendre comment les rayons cosmiques de haute énergie interagissent avec la matière dense. Cette théorie nous aide à en apprendre davantage sur le rayonnement cosmique et son comportement en expliquant comment les rayons cosmiques provoquent des gerbes de particules et la production de particules secondaires. Cela a des implications importantes pour les études sur l'astrophysique des rayons cosmiques, la physique des particules et l'astrophysique des hautes énergies. Il met également en lumière la nature et les origines de l'une des choses les plus mystérieuses de l'univers.

La théorie du mécanisme d'Oppenheimer-Phillips constitue une avancée majeure dans les domaines de la physique des particules et de l'astrophysique. Sa suggestion en 1947 a constitué un grand pas en avant dans notre compréhension du rayonnement cosmique et a conduit à de nombreuses nouvelles études et découvertes dans les années qui ont suivi.

Cette théorie a eu un impact durable sur la recherche sur les rayons cosmiques et reste l'une des idées les plus importantes de l'astrophysique moderne. La théorie du mécanisme d'Oppenheimer-Phillips nous a permis d'en apprendre beaucoup sur les rayons cosmiques de haute énergie et sur leur comportement en laboratoire et dans l'espace.

Cette théorie a également joué un rôle très important dans le développement de méthodes et de technologies expérimentales permettant de détecter les rayons cosmiques et d'en apprendre davantage à leur sujet. Les détecteurs de particules, comme ceux basés sur le mécanisme Oppenheimer-Phillips, ont permis d'observer et de mesurer le rayonnement cosmique de manière très détaillée, ce qui a fait progresser le domaine.

Au fil des années, de nombreuses expériences ont montré que la théorie des mécanismes d'Oppenheimer-Phillips est précise et importante. Ces expériences nous ont fourni des informations importantes qui nous aident à en savoir plus sur la manière dont les particules de haute énergie interagissent et sur le comportement des rayons cosmiques.

Même si beaucoup de choses ont été apprises depuis la proposition de la théorie des mécanismes d'Oppenheimer-Phillips, certaines questions sur le rayonnement cosmique et les gerbes de particules restent sans réponse. Les recherches actuelles tentent de répondre à ces questions restées sans réponse et de nous donner une meilleure idée de la manière dont les particules à haute énergie interagissent les unes avec les autres.

Une chose qui est encore étudiée est la manière exacte dont les rayons cosmiques de haute énergie déclenchent des cascades de particules dans la matière dense. Les scientifiques continuent d'étudier les dynamiques et interactions spécifiques qui se produisent lors du développement d'une averse afin d'améliorer notre capacité à prédire et modéliser avec précision ces événements.

De plus, la provenance des rayons cosmiques à haute énergie reste un mystère fascinant et difficile à résoudre. Même si certaines sources possibles, comme les supernovae, ont été découvertes, les scientifiques étudient toujours la gamme complète de sources et la manière dont elles produisent des rayons cosmiques.

Il y a également beaucoup à apprendre sur la manière dont les particules subatomiques de la gerbe de particules interagissent les unes avec les autres et sur la manière dont elles se déplacent à travers différents matériaux. En en apprenant davantage sur les propriétés des particules secondaires et comment elles agissent dans différentes situations, nous pouvons en apprendre davantage sur le rayonnement cosmique et comment il nous affecte.

La théorie des mécanismes d'Oppenheimer-Phillips nous a permis d'en apprendre beaucoup sur le rayonnement cosmique et la physique des particules. Il a été proposé pour la première fois en 1947, ce qui a donné aux scientifiques un moyen clé de réfléchir à la façon dont les rayons cosmiques à haute énergie interagissent avec la matière dense pour former des gerbes de particules et d'autres particules.

L'étude des rayons cosmiques, l'astrophysique et la physique des hautes énergies ont toutes été affectées de manière importante par cette théorie. Cela a affecté le travail expérimental, le développement de technologies de détection du rayonnement cosmique et les améliorations théoriques dans notre compréhension du comportement du rayonnement cosmique et de sa provenance.

À mesure que la recherche progresse et que de nouvelles découvertes nous fournissent davantage d'informations sur le rayonnement cosmique et les gerbes de particules, la théorie du mécanisme d'Oppenheimer-Phillips continue d'être un point de départ pour de nouvelles études. Ses effets dureront, aidant les scientifiques à élucider les mystères des particules les plus énergétiques de l'univers et à faire la lumière sur les règles de base qui régissent notre univers.

La théorie des limites d'Oppenheimer-Phillips

Les étoiles à neutrons ont toujours été un sujet très intéressant et fascinant à étudier dans le domaine de l'astrophysique. Après l'explosion d'une supernova, ces objets célestes très denses restent sur place. Ils ont des propriétés étranges qui rendent difficile la compréhension des lois de la physique. En 1959, J. Robert Oppenheimer et George Volkoff Phillips ont proposé une théorie importante qui a contribué à expliquer comment les étoiles à neutrons restent stables. Cette théorie, désormais appelée « limite d'Oppenheimer-Phillips », fixe une limite au poids d'une étoile à neutrons stable et nous donne des informations importantes sur le comportement de ces étoiles mystérieuses.

Avant d'aborder la théorie des limites d'Oppenheimer-Phillips, il est important de savoir de quoi sont constituées les étoiles à neutrons et comment elles fonctionnent. Les étoiles à neutrons sont les restes très denses de très grandes étoiles qui se sont effondrées sous leur propre poids lors d'une supernova. Étant donné que ces étoiles sont principalement constituées de neutrons étroitement compactés, leur attraction gravitationnelle est plusieurs ordres de grandeur plus forte que celle que nous observons sur Terre.

Une étoile à neutrons possède également des propriétés étranges en raison de sa forte gravité. Par exemple, la pression de la gravité peut tellement comprimer les noyaux atomiques qu'il n'y a plus d'atomes séparés. Au lieu de cela, la matière stellaire est dans un état appelé « matière dégénérée », composé de neutrons très rapprochés et très denses. Les scientifiques voulaient découvrir à quel point les étoiles à neutrons peuvent être stables, étant donné leur étrangeté. En d'autres termes, quelle taille une étoile à neutrons pourrait-elle atteindre avant que sa propre gravité ne la fasse s'effondrer ? Cette question a amené Oppenheimer et Phillips à examiner la stabilité de ces objets astronomiques et à trouver un moyen de déterminer la masse qu'ils peuvent contenir.

Oppenheimer et Phillips ont tenté de résoudre le problème de la stabilité des étoiles à neutrons en combinant des idées issues de la relativité générale, de la physique des particules et de la physique nucléaire. Ils ont fait beaucoup de calculs complexes et ont abouti à une théorie reliant la masse d'une étoile à neutrons à son rayon et à sa densité.

Selon la théorie limite d'Oppenheimer-Phillips, il existe une masse maximale au-dessus de laquelle une étoile à neutrons s'effondrerait dans un trou noir parce qu'elle ne pourrait plus supporter la force de gravité. Cette limite dépend des propriétés de la matière nucléaire et de la façon dont les forces de gravité et la pression exercée par la matière dégénérée fonctionnent ensemble.

Lorsque la limite d'Oppenheimer-Phillips a été découverte, elle a changé notre façon de concevoir les étoiles à neutrons et la manière dont la matière se comporte dans des conditions très extrêmes. Cette limite a permis aux astronomes et aux physiciens de déterminer la masse maximale des étoiles à neutrons stables sur la base de la théorie. C'était important pour comprendre comment interpréter les observations astronomiques et prouver l'existence de ces objets spatiaux.

En outre, la théorie limite d'Oppenheimer-Phillips a permis d'examiner les liens entre les étoiles à neutrons et les trous noirs. Cela a montré à quel point la masse est importante lorsqu'il s'agit de déterminer ce qui arrive aux objets stellaires effondrés, par exemple s'ils restent stables en tant qu'étoiles à neutrons ou s'ils provoquent la formation de trous noirs.

Dans les années qui suivirent, la théorie des limites d'Oppenheimer-Phillips fut examinée de près et mise à l'épreuve par des calculs et des observations. Les astrophysiciens ont utilisé des modèles complexes, des simulations et des données astronomiques pour confirmer la limite de masse supérieure proposée par Oppenheimer et Phillips. Cela nous a permis d'en apprendre davantage sur la stabilité des étoiles à neutrons.

Les observations d'objets stellaires compacts, comme les pulsars et les binaires à rayons X, ont montré que la limite d'Oppenheimer-Phillips est réelle. Les scientifiques ont pu déterminer la masse des étoiles à neutrons dans ces systèmes, ce qui conforte l'idée selon laquelle les étoiles à neutrons ne peuvent atteindre qu'une certaine taille avant de s'effondrer en trous noirs.

La théorie des limites d'Oppenheimer-Phillips a constitué un grand pas en avant dans notre façon de concevoir les étoiles à neutrons et dans quelle mesure elles peuvent rester stables. Cet ouvrage important de J. Robert Oppenheimer et George Volkoff Phillips fixe une limite théorique supérieure de masse pour les étoiles à neutrons stables. Cela a contribué à jeter les bases de l'astrophysique théorique et de l'étude de la matière extrême dans l'univers.

Grâce à leur pensée créative et à leurs calculs minutieux, Oppenheimer et Phillips nous ont non seulement aidés à comprendre le comportement des étoiles à neutrons, mais ils nous ont également permis d'en apprendre davantage sur les objets stellaires compacts, les trous noirs et les mystères de l'univers dans son ensemble.

Même si la théorie des limites d'Oppenheimer-Phillips a apporté d'importantes contributions, de plus en plus de recherches et d'études sur les étoiles à neutrons se sont poursuivies et se sont appuyées sur leurs travaux. Les scientifiques ont étudié les propriétés et le comportement des étoiles à neutrons présentant une large gamme de masses, de densités et de compositions chimiques. Cela nous a aidé à en savoir plus sur leur stabilité et leur évolution au fil du temps. Des modèles et simulations astrophysiques avancés ont été réalisés pour en apprendre davantage sur la structure et le mouvement des étoiles à neutrons à l'intérieur. Cela nous a aidé à en savoir plus sur leur température, leurs champs magnétiques et leurs pulsations. Grâce à ces études, les scientifiques en ont appris davantage sur la physique complexe à l'œuvre dans ces petits objets stellaires.

De plus, de nouveaux moyens et outils d'observation, comme les télescopes à rayons X et les détecteurs d'ondes gravitationnelles, ont changé la façon dont nous pouvons étudier les étoiles à neutrons et découvrir ce qu'elles cachent. Les observations de fusions d'étoiles à neutrons binaires, par exemple, nous ont fourni de nouvelles informations sur le comportement de la matière et sur sa composition à très haute densité. Cela a confirmé et enrichi les fondements de la théorie des limites d'Oppenheimer-Phillips.

Les étoiles à neutrons ne sont pas la seule chose pour laquelle la théorie des limites d'Oppenheimer-Phillips est importante. Cela change notre façon de penser les forces fondamentales et les particules qui dirigent l'univers de bien des manières. Il est utilisé dans de nombreux domaines différents, comme l'astrophysique, la physique des particules et la physique nucléaire, et constitue un lien clé entre eux.

La théorie des limites d'Oppenheimer-Phillips nous a également aidé à comprendre comment étudier les objets compacts et les limites de la stabilité des étoiles. Cela nous a permis d'en apprendre davantage sur l'effondrement gravitationnel, sur la façon dont les trous noirs sont créés et sur la façon dont les différentes étapes de la vie d'une étoile sont reliées.

Les travaux d'Oppenheimer et Phillips inspirent et guident toujours la recherche aujourd'hui et à l'avenir. Les idées et les règles qu'ils ont élaborées pour leur théorie des limites servent de base aux recherches en cours sur le comportement de la matière dans des conditions extrêmes et sur la composition des étoiles à neutrons et d'autres petits objets de l'univers.

La théorie de la limite d'Oppenheimer-Phillips a été avancée par J. En 1959, Robert Oppenheimer et George Volkoff Phillips ont fait un grand pas en avant dans notre compréhension des étoiles à neutrons et de leur stabilité. Ce cadre théorique fixe une limite à la quantité de matière pouvant peser, ce qui nous aide à comprendre comment la matière se comporte dans des conditions gravitationnelles extrêmes. La théorie des limites d'Oppenheimer-Phillips a eu un effet durable sur de nombreux domaines de l'astrophysique et de la physique fondamentale. À mesure que notre compréhension de l'univers et notre capacité à l'observer se développent, l'étude des étoiles à neutrons et de leur stabilité, qui s'appuie sur les travaux d'Oppenheimer et Phillips, progresse également.

La théorie des limites d'Oppenheimer-Phillips nous a donné à la fois des informations théoriques et des confirmations expérimentales qui nous ont aidés à en apprendre davantage sur l'univers et les choses étonnantes qui s'y produisent. Cette théorie nous aide à en apprendre davantage sur les limites de la stabilité stellaire, ce qui fait partie de nos efforts continus pour comprendre les mystères de l'univers et en apprendre davantage sur les lois fondamentales qui le régissent.

Théorie d'Oppenheimer sur la fission de l'uranium

Cela pourrait être l'une des choses les plus importantes. Les travaux de J. Robert Oppenheimer sur la théorie de la fission de l'uranium étaient parmi les premiers du genre. Durant le projet Manhattan, au moment de la fabrication de la bombe atomique, les idées et les recherches d'Oppenheimer sur le processus de fission de l'uranium étaient très importantes. Dans ce chapitre, nous parlerons de la théorie d'Oppenheimer sur la fission de l'uranium et de la manière dont elle a considérablement modifié la physique nucléaire.

Dans les années 1930, lorsque la fission nucléaire a été découverte, elle a été l'un des moments les plus importants de la physique. Otto Hahn, Fritz Strassmann, Lise Meitner et Otto Frisch ont tous travaillé ensemble pour montrer que le bombardement des noyaux d'uranium avec des neutrons les faisait se briser en morceaux plus petits. Cela nous a permis de réaliser qu'il existait un énorme potentiel dans l'utilisation de l'énergie libérée par la fission nucléaire.

Oppenheimer nous a beaucoup aidé à en apprendre davantage sur le fonctionnement de la fission de l'uranium en approfondissant la physique et les mécanismes à l'origine du processus. Il a mené des recherches théoriques et pratiques pour en savoir plus sur le fonctionnement de la fission de l'uranium, la façon dont les produits se répartissent et la quantité d'énergie libérée lors de la réaction.

L'une des choses les plus importantes faites par Oppenheimer a été de proposer l'équation énergétique de la fission nucléaire. Il a proposé des modèles théoriques pour déterminer la quantité d'énergie libérée lors du processus de fission. Il a également eu l'idée des énergies de liaison nucléaires et l'idée que la masse-énergie est toujours la même. Ce fut le point de départ pour comprendre l'énorme quantité d'énergie libérée par la fission nucléaire et comment elle pourrait être utilisée dans le monde réel.

Oppenheimer a également contribué à expliquer en grande partie l'idée des réactions en chaîne dans la fission nucléaire. Grâce à son travail, il a montré que chaque fission pouvait éventuellement conduire à davantage de fissions, créant ainsi un processus qui se poursuit et libère une quantité croissante d'énergie. Ces connaissances ont joué un rôle clé dans la fabrication des réacteurs nucléaires et de la bombe atomique.

En tant que directeur scientifique du projet Manhattan, Oppenheimer a supervisé la recherche, le développement et les tests de la bombe atomique, qui ont conduit à l'explosion réussie des premières bombes atomiques en 1945.

Oppenheimer a fait bien plus pour ce projet que de simplement proposer la théorie de la fission de l'uranium. Il a également joué un rôle très important dans la conception et la construction de la bombe et de ses parties explosives. Sa direction et son leadership ont été importants pour le succès du projet Manhattan.

La théorie d'Oppenheimer sur la fission de l'uranium a complètement changé la physique nucléaire et a eu un impact énorme sur le monde entier. Lorsque la bombe atomique a été fabriquée et utilisée, elle a changé la façon dont les guerres étaient menées et a déclenché l'ère nucléaire. La théorie a permis de faire davantage de progrès dans la technologie nucléaire, comme la production d'énergie nucléaire et d'en apprendre davantage sur le fonctionnement des réactions nucléaires.

En outre, les travaux d'Oppenheimer sur la fission de l'uranium ont considérablement changé notre façon de penser la structure et le comportement des noyaux atomiques. Cela a conduit à davantage de recherches et de théories en physique nucléaire, ce qui a conduit à l'étude d'autres processus nucléaires comme la fusion et la fabrication d'éléments lourds. Le rôle d'Oppenheimer dans la fabrication de la bombe atomique a également soulevé de nombreuses questions morales et éthiques difficiles. L'utilisation de la bombe sur Hiroshima et Nagasaki a tué de nombreuses personnes et a suscité l'inquiétude des gens quant à la dangerosité des armes nucléaires. Oppenheimer lui-même a réfléchi aux effets de son travail et est devenu partisan du contrôle des armements et de l'arrêt de la prolifération des armes nucléaires.

La théorie de la fission de l'uranium proposée par Oppenheimer a constitué un grand pas en avant dans la compréhension de la physique nucléaire et dans la fabrication de la bombe atomique. Ses idées théoriques et ses recherches ont conduit à l'utilisation réussie de l'énergie atomique, ce qui a conduit à la création d'armes nucléaires et à l'essor de l'énergie nucléaire en tant que source d'énergie majeure. Les travaux d'Oppenheimer ont eu de nombreuses répercussions scientifiques et morales, et ils affectent toujours la façon dont les gens parlent et pensent de la science et de la technologie nucléaires. La recherche de connaissances d'Oppenheimer dans le domaine de la physique nucléaire lui a valu à la fois des problèmes personnels et des débats scientifiques. Il a été à la fois félicité et critiqué pour son rôle dans le projet Manhattan et la fabrication de la bombe atomique.

Oppenheimer est né le 22 avril 1904 à New York. Il était intelligent et créatif dès son plus jeune âge. Après avoir obtenu sa licence à l'Université Harvard, il est allé en Allemagne pour obtenir son doctorat. en physique à l'Université de Göttingen, où il a travaillé avec le célèbre physicien Max Born.

Oppenheimer s'est intéressé à la mécanique quantique et aux parties théoriques de la physique des particules alors qu'il était à Göttingen. Il a étudié le nouveau domaine de la physique nucléaire, ce qui l'a finalement conduit à la fission de l'uranium.

Oppenheimer a apporté deux types de changements au domaine de la fission de l'uranium. Premièrement, il a réalisé d'importants progrès théoriques en proposant des modèles mathématiques et des équations pour expliquer le fonctionnement de la fission et la manière dont l'énergie est libérée. Son cadre théorique était un bon point de départ pour davantage de recherches et d'expériences.

Oppenheimer a réalisé un certain nombre d'expériences importantes pour prouver que ses idées étaient correctes. En collaboration avec d'autres scientifiques, il a réalisé des expériences dans lesquelles des particules étaient projetées sur des noyaux d'uranium pour les diviser (fission). Ces expériences ont prouvé que ses modèles théoriques étaient corrects, montrant que la fission de l'uranium se produisait réellement.

Oppenheimer n'a pas seulement travaillé sur la physique théorique lorsqu'il a travaillé sur la fission de l'uranium. Il savait qu'il devait travailler avec des experts dans différents domaines pour améliorer ses théories et la manière dont elles pouvaient être utilisées.

Il a travaillé en étroite collaboration avec des chimistes et des ingénieurs pour trouver des moyens de raffiner l'uranium et d'améliorer le processus de fission. Cette coopération entre différents domaines a été cruciale pour le succès de la production d'uranium enrichi pour la bombe atomique.

Oppenheimer savait également à quel point les mathématiques et l'informatique étaient importantes lorsqu'il s'agissait d'analyser et de donner un sens à des données complexes. Il a travaillé en étroite collaboration avec des mathématiciens et des informaticiens pour créer des modèles statistiques et des outils de simulation afin d'en apprendre davantage sur le fonctionnement de la fission de l'uranium.

La théorie d'Oppenheimer sur la façon dont l'uranium se désagrège a eu un effet durable sur la façon dont la technologie nucléaire a été créée. Au cours du projet Manhattan, les scientifiques ont fait d'importantes découvertes qui ont permis de construire des réacteurs nucléaires et d'utiliser l'énergie nucléaire pour produire de l'électricité. L'utilisation de l'idée des réactions en chaîne pour construire des réacteurs nucléaires qui fonctionnaient bien a conduit à l'utilisation commerciale de l'énergie nucléaire. Aujourd'hui, une grande partie de l'électricité mondiale provient de centrales nucléaires. Cela contribue à produire de l'énergie propre et à réduire les émissions de carbone.

La théorie d'Oppenheimer a également permis de faire davantage de recherches et d'en apprendre davantage sur d'autres réactions nucléaires, comme la fusion. Les scientifiques continuent de s'appuyer sur ses travaux et tentent d'utiliser l'énorme puissance des réactions de fusion dans le monde réel.

La théorie de la fission de l'uranium proposée par Oppenheimer a non seulement modifié la physique, mais a également eu un effet énorme sur la société et la culture. Pendant la Seconde Guerre mondiale, lorsque la bombe atomique a été fabriquée et utilisée, elle a soulevé de nombreuses questions sur les effets moraux des découvertes scientifiques et des progrès technologiques. Oppenheimer lui-même se sentait très mal à l'idée de l'utilisation des armes nucléaires et devint partisan du désarmement mondial et de l'utilisation de la science atomique à des fins pacifiques. Ses réflexions sur les effets de ses travaux et ses travaux ultérieurs sur la politique nucléaire ont façonné la façon dont les gens parlent des responsabilités morales et éthiques des scientifiques.

En 1963, Oppenheimer a reçu le prix Enrico Fermi pour sa contribution à la science et son travail ultérieur en faveur de la paix mondiale. Ce prix souligne son héritage durable en tant que scientifique et philosophe.

La théorie de la fission de l'uranium proposée par Oppenheimer a marqué un tournant dans notre façon de concevoir la physique nucléaire. Ses travaux théoriques et expérimentaux furent très importants et conduisirent au développement de l'énergie atomique et des armes nucléaires. Mais la théorie d'Oppenheimer a un héritage qui va au-delà du progrès scientifique. Cela était lié à de nombreuses questions morales et éthiques complexes qui affectent encore notre manière de concevoir la technologie nucléaire et la manière dont nous devrions utiliser les découvertes scientifiques.

Le chemin parcouru par Oppenheimer depuis ses débuts de recherche jusqu'à son travail sur le projet Manhattan montre comment le travail d'une seule personne peut changer le monde. Son désir d'apprendre et son dévouement inébranlable à la recherche de la paix ont changé le domaine de la physique nucléaire et laissé une marque indélébile dans l'histoire du monde.

Théorie d'Oppenheimer du test de la « Trinité »

Robert Oppenheimer, célèbre physicien et directeur scientifique du projet Manhattan, a joué un rôle clé dans la création et la réalisation du célèbre test « Trinity », qui fut le premier essai d'arme nucléaire qui a fonctionné. Les idées, les calculs et les connaissances d'Oppenheimer ont été très importants dans la planification et la réalisation de cet événement historique qui a changé le cours de l'histoire humaine et a marqué le début de l'ère nucléaire.

Avant d'aborder la théorie d'Oppenheimer sur le test « Trinity », il est important de savoir comment il est devenu l'un des meilleurs scientifiques nucléaires au monde. Oppenheimer est né le 22 avril 1904 et il était très bon en sciences dès son plus jeune âge. Après avoir obtenu son diplôme de l'Université Harvard, il est allé à l'Université de Göttingen en Allemagne pour obtenir son doctorat. en physique. Là, il s'est concentré sur la physique quantique.

Après avoir obtenu son doctorat, Oppenheimer est retourné aux États-Unis et est devenu professeur à l'Université de Californie à Berkeley. Là, il a apporté d'importantes contributions à la physique théorique, ce qui a amené ses pairs à le remarquer et à le respecter. En 1939, le monde était au bord de la guerre et les scientifiques faisaient de terribles découvertes. Otto Hahn et Fritz Strassmann ont découvert la fission nucléaire, qui a permis la fabrication d'armes atomiques. En 1942, les États-Unis ont lancé le projet Manhattan parce qu'il était très important de faire des recherches sur l'énergie atomique.

Oppenheimer était dans l'esprit des responsables du projet parce qu'il était très intelligent en matière de physique théorique. En raison de son intelligence, il fut chargé de l'aspect scientifique du projet et se vit confier la tâche énorme de superviser la création de la bombe atomique.

La théorie d'Oppenheimer sur le test "Trinity" a commencé à se concrétiser alors que lui et son équipe travaillaient dur pour fabriquer une arme nucléaire capable d'utiliser l'énorme puissance de la fission de l'uranium. Ses calculs et ses idées ont conduit à la création de la conception de l'implosion, qui impliquait de presser une masse de plutonium-239 qui était en dessous du point critique dans un état au-dessus du point critique.

Les connaissances d'Oppenheimer sur le fonctionnement des calculs de criticité, de la multiplication des neutrons et du timing ont contribué à garantir le succès du test « Trinity ». Ses connaissances théoriques lui ont permis de déterminer la quantité de matière fissile nécessaire pour déclencher une réaction en chaîne qui libérerait une énorme quantité d'énergie.

Le 16 juillet 1945 aura lieu le test le plus important de la théorie d'Oppenheimer. Le site de test, situé dans le désert de Jornada del Muerto, au Nouveau-Mexique, avait été soigneusement aménagé. Alors que le compte à rebours commençait, les scientifiques et ingénieurs retenaient leur souffle.

À 5 h 29 min 45 s, la bombe a explosé et un éclair lumineux a illuminé le sol du désert. L'explosion a envoyé des ondes de choc dans l'air et en quelques secondes, une énorme boule de feu s'est transformée en un champignon atomique qui s'est élevé à 40 000 pieds dans les airs. La théorie d'Oppenheimer s'est avérée exacte lorsque le test "Trinity" a fonctionné. Le pouvoir libéré ce jour-là a changé le cours de l'histoire pour toujours. Cet événement important a conduit à la création d'armes nucléaires et au début d'une nouvelle ère qui pourrait apporter à la fois de grands progrès et des destructions inimaginables.

Même si le test "Trinity" a atteint son objectif, l'énorme quantité de puissance qu'il a libérée a fait réfléchir Oppenheimer aux effets de son travail. Lorsqu'il a vu l'ampleur des dégâts qui pourraient être causés et ce que cela signifierait pour les gens, il a cité les écritures hindoues et a déclaré : « Maintenant, je suis devenu la Mort, la destructrice des mondes. »

La théorie et les calculs d'Oppenheimer pour le test "Trinity" ont fait de lui l'une des personnes les plus importantes dans la création d'armes nucléaires. Pourtant, il a ensuite plaidé en faveur d'un contrôle international de l'énergie atomique parce qu'il se sentait mal par la façon dont le monde allait.

En fin de compte, la théorie d'Oppenheimer sur le test « Trinity » a joué un rôle important dans le succès du premier essai d'armes nucléaires. Ses connaissances, ses calculs et sa compréhension de la science derrière le problème étaient essentiels pour fabriquer une arme capable d'utiliser l'énorme puissance de la fission nucléaire. Le test « Trinity » a marqué un tournant dans l'histoire. Cela a changé la façon dont les gens perçoivent l'énergie nucléaire et comment elle peut être utilisée à la fois pour le meilleur et pour le pire.

La théorie d'Oppenheimer sur la propagation des armes nucléaires

Après avoir constaté à quel point les effets de la bombe atomique étaient graves, J. Robert Oppenheimer a radicalement changé sa vision de la possibilité d'une propagation des armes nucléaires. Oppenheimer était autrefois une figure clé du projet Manhattan, qui a conduit à la création de la bombe atomique. Plus tard, il est devenu un fervent partisan du contrôle et de la réglementation internationaux des armes nucléaires. Il était inquiet car il savait à quel point ces armes pouvaient être dangereuses et combien il était important de parvenir rapidement à des accords de contrôle des armements pour garantir la sécurité et la paix dans le monde.

Le monde a changé pour toujours le 16 juillet 1945, lorsque la première bombe atomique, baptisée « Trinity », a été déclenchée avec succès dans le désert du Nouveau-Mexique. Oppenheimer était à la tête de l'équipe qui a soigneusement construit et testé cette arme puissante. Il avait du mal à comprendre l'ampleur des destructions provoquées par ce jour fatidique. Alors que l'éclair lumineux illuminait le ciel, Oppenheimer a déclaré, citant la Bhagavad Gita : « Maintenant, je suis devenu la Mort, la destructrice des mondes ».

Ce fut un moment très important qui a changé la façon dont

Oppenheimer considérait ce que signifiaient les armes nucléaires. Parce qu'il a contribué à fabriquer ces terribles armes et qu'il a été témoin des destructions qu'elles ont provoquées à Hiroshima et à Nagasaki, il a dû réfléchir aux questions morales et éthiques entourant la guerre nucléaire.

Lorsqu'Oppenheimer réalisa à quel point la bombe atomique pouvait être destructrice, il devint très inquiet de la prolifération des armes nucléaires. Il était convaincu que l'existence de ces armes constituait une menace pour l'existence même de l'humanité. Oppenheimer savait qu'il ne suffisait pas que les pays soient capables de fabriquer des armes nucléaires ; le véritable danger résidait lorsque cette technologie se propageait trop rapidement et sans contrôle.

La profonde compréhension du physicien de la science derrière les armes nucléaires lui a donné une perspective unique sur la facilité avec laquelle elles pourraient se propager. Il pensait que davantage de pays se doteraient d'armes nucléaires à l'avenir, ce qui rendrait plus probable leur utilisation dans des guerres à travers le monde. L'analyse d'Oppenheimer a montré à quel point un monde nucléaire multipolaire pouvait être dangereux, dans lequel le risque d'un échange nucléaire accidentel ou intentionnel pourrait être multiplié par dix.

Oppenheimer était convaincu que le contrôle et la réglementation internationaux des armes nucléaires étaient nécessaires pour maintenir le monde en paix et empêcher une guerre nucléaire de se produire. Il est devenu l'un des principaux partisans des accords de contrôle des armements et a poussé à la création d'organismes internationaux chargés de surveiller le désarmement nucléaire et de ne pas disséminer les armes nucléaires. Il a déclaré que des cadres efficaces de contrôle des armements rendraient moins attrayant pour les pays la fabrication d'armes nucléaires et empêcheraient la course aux armements de s'aggraver. Il a également déclaré que la transparence et les moyens de vérifier les choses étaient importants pour instaurer la confiance entre les pays.

Le travail inlassable d'Oppenheimer pour obtenir des accords de contrôle des armements a permis que des choses importantes se produisent dans le monde dans les années qui ont suivi. Il a contribué à la création du Bulletin of the Atomic Scientists, un magazine influent qui parle des risques liés aux armes nucléaires et de la manière d'y faire face. Cela l'a rendu encore plus déterminé à sensibiliser et à promouvoir le désarmement.

Oppenheimer a joué un rôle particulièrement important dans les négociations qui ont conduit au Traité d'interdiction limitée des essais nucléaires (LTBT) de 1963. Le LTBT rendait illégal les essais d'armes nucléaires dans l'air, l'espace ou sous l'eau. Cela a considérablement réduit le risque global de prolifération nucléaire. Cet accord historique a constitué un grand pas en avant vers l'arrêt de la prolifération des armes nucléaires et la création d'un monde plus sûr.

La théorie d'Oppenheimer sur la manière dont les armes nucléaires se propagent était basée sur sa propre expérience et ses propres connaissances, et elle est toujours très pertinente aujourd'hui. Sa capacité à voir l'avenir et à faire pression en faveur de règles internationales continue d'inspirer les décideurs politiques, les universitaires et les militants qui souhaitent débarrasser le monde des armes nucléaires.

Alors que le monde tente de faire face aux problèmes persistants liés au désarmement et à la menace constante de prolifération, l'héritage d'Oppenheimer nous rappelle brutalement à quel point il est important de s'assurer que les accords de contrôle des armements fonctionnent. Son engagement inébranlable en faveur de la paix mondiale est un exemple intemporel de la façon dont les connaissances scientifiques et la responsabilité morale peuvent collaborer pour protéger l'avenir de l'humanité.

L'idée d'Oppenheimer sur l'hiver nucléaire

Pendant la guerre froide, alors que le monde était sur le point d'être détruit par une guerre nucléaire, un scientifique bien connu a proposé une théorie qui a changé la façon dont les gens envisageaient la stratégie. Le brillant physicien et ancien directeur du projet Manhattan, le Dr J. Robert Oppenheimer, a fait une prédiction effrayante sur ce qui se passerait après une guerre nucléaire à grande échelle. La théorie d'Oppenheimer sur l'hiver nucléaire disait qu'un rejet catastrophique de fumée et de débris dans l'atmosphère provoquerait un effet de refroidissement global qui pourrait conduire à la fin de l'agriculture et à de nombreux dommages à l'environnement.

Alors que les tensions entre les États-Unis et l'URSS atteignaient leur paroxysme au début des années 1980, Oppenheimer sortit de l'exil qu'il s'était imposé du monde des armes nucléaires. Il était là lors de la destruction d'Hiroshima et de Nagasaki, et le poids moral de ce qu'il avait réalisé pesait lourdement sur lui. Oppenheimer s'inquiétait du nombre croissant d'armes nucléaires et de la croyance largement répandue selon laquelle les guerres nucléaires pouvaient être « gagnées ». Il voulait lancer un avertissement qui dépasse les frontières géopolitiques.

La théorie d'Oppenheimer sur l'hiver nucléaire disait que

beaucoup de suie, de fumée et d'autres particules seraient produites si un grand nombre de bombes atomiques explosaient en même temps au cours d'une guerre à grande échelle. Ces particules seraient envoyées haut dans la stratosphère, où elles formeraient une épaisse couche qui bloquerait le soleil et empêcherait la chaleur terrestre de s'échapper dans l'espace. En conséquence, il y aurait un effet de refroidissement important, comme une ère glaciaire provoquée par le nucléaire.

Certains sceptiques pensaient que la théorie d'Oppenheimer était trop alarmiste ou exagérée, mais la façon dont il a présenté ses arguments était si scientifique qu'elle a incité de nombreuses personnes à s'arrêter et à réfléchir. La controverse autour de l'hiver nucléaire a commencé à attirer l'attention des scientifiques et du grand public. Cela a donné lieu à des débats houleux sur les effets possibles à long terme d'une guerre nucléaire.

Lorsqu'Oppenheimer a travaillé avec d'autres scientifiques de renom, comme Carl Sagan, Paul Crutzen et Richard Turco, sa théorie a attiré encore plus d'attention. Ensemble, ils ont mené des recherches en avance sur leur temps et ont utilisé des modèles informatiques pour simuler l'impact d'un échange nucléaire à grande échelle sur l'atmosphère. Leurs prédictions montraient un monde plongé dans l'obscurité, avec des températures en baisse, des conditions météorologiques perturbées et des récoltes nulles partout.

La théorie d'Oppenheimer a touché une corde sensible car elle a brisé l'idée selon laquelle les échanges nucléaires limités pouvaient rester petits et sous contrôle. Il pensait que personne ne pouvait comprendre pleinement la complexité des événements qui se produiraient après l'explosion de la première bombe atomique. Les effets possibles étaient tout simplement trop importants pour être ignorés.

L'hiver nucléaire est devenu un sujet de conversation important, et des groupes comme l'Union of Concerned Scientists et l'Organisation mondiale de la santé ont consacré beaucoup de temps et d'argent à étudier sa probabilité et ses effets possibles. Les résultats effrayants de ces études ont alimenté un sentiment croissant contre les armes nucléaires et ont contribué à alimenter les appels au désarmement et à l'arrêt des guerres nucléaires.

La course aux armements nucléaires ne sera plus jamais la même après la théorie de l'hiver nucléaire d'Oppenheimer. C'était un puissant avertissement sur les risques existentiels auxquels l'humanité était confrontée et a amené les gens à se demander si une stratégie basée sur la destruction mutuelle assurée (MAD) était une bonne idée. L'idée selon laquelle une guerre nucléaire pouvait être « gagnable » a été abandonnée et les peuples du monde entier ont commencé à se rendre compte du fait terrifiant que personne ne survivrait à une guerre nucléaire à grande échelle.

Même si la théorie d'Oppenheimer sur l'hiver nucléaire a fait prendre conscience aux gens des terribles effets à long terme de la guerre nucléaire, elle leur a également donné une lueur d'espoir. Cela a fait prendre conscience aux gens de l'importance d'empêcher une telle catastrophe de se produire et a déclenché de nouveaux efforts en faveur du désarmement nucléaire et du contrôle des armements. La théorie montrait non seulement à quel point Oppenheimer était désolé d'avoir aidé à fabriquer la bombe atomique, mais elle montrait également à quel point il était déterminé à s'assurer que le pouvoir destructeur des armes nucléaires ne serait plus jamais utilisé.

Alors que des tensions nucléaires existent toujours dans le monde aujourd'hui, la théorie d'Oppenheimer est un puissant rappel de ce qui pourrait arriver à l' environnement et aux populations en cas d'échec de la diplomatie. Cela montre à quel point il est important que les peuples du monde entier travaillent ensemble et tentent de trouver des solutions pacifiques aux conflits. Nous ne pouvons pas oublier les leçons effrayantes de l'hiver nucléaire, car la menace d'une guerre nucléaire plane toujours sur l'humanité.

La théorie d'Oppenheimer : science et société

Dans le domaine scientifique, de nombreuses personnes ont changé notre façon de connaître les choses. Mais peu de gens ont laissé une marque aussi grande que J. Oppenheimer, Robert. Oppenheimer était un brillant physicien et un personnage clé dans le développement de la bombe atomique. Il en savait également beaucoup sur la façon dont la science affecte la société de diverses manières. Dans ce chapitre, nous examinons les vues philosophiques d'Oppenheimer sur le rôle de la science dans la société. Nous nous concentrons sur sa conviction selon laquelle les scientifiques ont la responsabilité de réfléchir aux implications éthiques de leurs travaux et de plaider en faveur d'une utilisation responsable des connaissances scientifiques.

Oppenheimer était convaincu que les scientifiques ont l'obligation morale d'aider les gens. Il a déclaré que le progrès scientifique ne devrait pas se produire sans tenir compte de la manière dont il affecte la société et l'éthique. Il savait que les résultats des découvertes scientifiques pouvaient avoir des effets considérables sur les populations et sur le monde dans son ensemble. Les scientifiques doivent donc avoir des conversations en dehors du laboratoire pour s'assurer que les avantages de la science sont maximisés tout en réduisant les risques au minimum.

Oppenheimer pensait également que les scientifiques devraient prôner une démarche scientifique responsable. Il a déclaré qu'ils ont une compréhension unique et précieuse du fonctionnement interne de la science , ce qui les rend bien placés pour parler au public de questions scientifiques complexes et leur enseigner ces sujets. Les scientifiques peuvent combler le fossé entre la science et la société en donnant des explications faciles à comprendre et en s'adressant au public. Ils peuvent également influencer l'opinion publique afin que les gens prennent les meilleures décisions pour le monde dans son ensemble.

L'une des parties les plus importantes de la théorie d'Oppenheimer était que le progrès scientifique devait être associé à une réflexion sur ce qui est bien et mal. Même s'il savait qu'il était important de repousser les limites de ce que nous savons et de découvrir ce que nous ne savons pas, il a insisté sur le fait que les scientifiques doivent s'assurer que leurs travaux correspondent aux valeurs et aux normes de la société dans son ensemble. Par exemple, alors qu'il travaillait sur les armes nucléaires, Oppenheimer a déclaré qu'il regrettait l'utilisation de la bombe atomique et parlait de ses conséquences néfastes pour les gens. Cela montrait qu'il pensait que les scientifiques devraient réfléchir attentivement à la manière dont leurs travaux pourraient affecter le monde avant de réaliser des progrès scientifiques.

Oppenheimer a souligné combien il est important que les scientifiques travaillent ensemble et examinent les problèmes sous différents angles. Il a déclaré que des problèmes sociaux complexes, comme le changement climatique ou les risques technologiques, nécessitent des connaissances dans de nombreux domaines différents pour être résolus de manière complète et efficace. Oppenheimer pensait que la science pourrait mieux traiter les problèmes sociaux et prédire d'éventuels dilemmes éthiques si les scientifiques et les experts de différents domaines travaillaient ensemble.

En défendant des considérations éthiques dans la science, Oppenheimer n'a pas cherché à entraver le progrès scientifique ni à étouffer l'innovation. Il a plutôt reconnu la nécessité d'une réglementation prudente pour prévenir l'utilisation abusive ou les conséquences involontaires des progrès scientifiques. Oppenheimer estime que les scientifiques eux-mêmes, ainsi que les organismes de réglementation, devraient être activement impliqués dans la surveillance et la gouvernance du développement et du déploiement de nouvelles technologies, garantissant ainsi leur utilisation responsable et éthique.

La théorie d'Oppenheimer sur le rôle de la science dans la société nous rappelle avec force que le progrès scientifique doit aller de pair avec une considération réfléchie de ses implications éthiques. En défendant l'idée selon laquelle les scientifiques ont la responsabilité de considérer le contexte sociétal plus large de leur travail, Oppenheimer a encouragé une approche plus consciencieuse et responsable des progrès scientifiques. Alors que nous évoluons dans un monde de plus en plus complexe et axé sur la technologie, la philosophie d'Oppenheimer continue de fournir des conseils précieux dans la recherche d'une relation harmonieuse entre la science et la société.

La théorie d'Oppenheimer sur la science et la société reste toujours d'actualité. Dans notre monde en évolution rapide, où les percées scientifiques et technologiques se produisent à un rythme sans précédent, il devient de plus en plus crucial de réfléchir aux implications éthiques et aux impacts sociétaux de ces avancées. Explorons comment la théorie d'Oppenheimer peut être appliquée à certaines des questions urgentes de notre époque.

Le domaine de l'intelligence artificielle (IA) et de l'automatisation présente une myriade d'opportunités et de défis. Alors que les scientifiques et les ingénieurs repoussent les limites de l'IA, la théorie d'Oppenheimer nous encourage à considérer les dimensions éthiques de ces avancées. Des questions se posent quant à l'impact potentiel de l'IA sur l'emploi, la vie privée et même sur l'équilibre général des pouvoirs dans la société. En s'engageant dans le débat public et en plaidant pour un développement et un déploiement responsables des technologies d'IA, les scientifiques peuvent garantir que ces progrès profitent à la société dans son ensemble sans compromettre les valeurs fondamentales.

Le domaine du génie génétique et de la biotechnologie offre un immense potentiel de progrès dans les domaines des soins de santé, de l'agriculture et de la conservation de l'environnement. Cependant, à mesure que les scientifiques s'aventurent davantage dans la manipulation des éléments constitutifs de la vie, la théorie d'Oppenheimer appelle à un examen attentif des considérations éthiques associées à ces pratiques. Les scientifiques devraient engager activement un dialogue avec les décideurs politiques, les éthiciens et le grand public pour garantir que le génie génétique soit poursuivi de manière responsable et dans le respect du bien-être des individus, des écosystèmes et des générations futures.

Le changement climatique constitue l'un des défis les plus critiques de notre époque, exigeant une action scientifique et sociétale urgente. La théorie d'Oppenheimer souligne l'importance de la collaboration et des approches interdisciplinaires pour résoudre cette question complexe. Les scientifiques, aux côtés des décideurs politiques, des économistes et des spécialistes des sciences sociales, doivent travailler ensemble pour développer des solutions durables qui équilibrent les considérations environnementales, sociales et économiques. En s'engageant activement auprès des parties prenantes et en plaidant pour une utilisation responsable des connaissances scientifiques, les scientifiques peuvent susciter des changements positifs et contribuer à la création d'un avenir durable.

La théorie d'Oppenheimer sur la science et la société nous pousse à adopter une vision large du progrès scientifique, au-delà des limites des laboratoires et des instituts de recherche. Il encourage les scientifiques à réfléchir aux implications éthiques de leurs travaux et à plaider en faveur de leur utilisation responsable. En s'engageant dans le débat public, en collaborant entre disciplines et en équilibrant innovation et réglementation, les scientifiques peuvent garantir que les progrès scientifiques profitent à la société dans son ensemble et s'alignent sur nos valeurs et aspirations fondamentales. En adoptant la théorie d'Oppenheimer, nous jetons les bases d'un avenir dans lequel la science non seulement repousse les limites de la connaissance, mais élève également l'humanité et sauvegarde notre avenir commun.

Bien que la théorie d'Oppenheimer sur la science et la société fournisse un cadre précieux pour les considérations éthiques dans la recherche et le développement scientifiques, elle n'est pas sans critiques et sans défis. Explorons quelques-unes des critiques formulées contre la théorie d'Oppenheimer.

L'une des principales critiques adressées à la théorie d'Oppenheimer provient du dilemme inhérent au pluralisme des valeurs. Différents individus et sociétés ont des valeurs et des cadres éthiques divers et parfois contradictoires. Déterminer ce qui constitue une utilisation responsable des connaissances scientifiques peut être une tâche complexe, car elle nécessite de naviguer entre des perspectives morales concurrentes. La théorie d'Oppenheimer, bien que bien intentionnée, ne fournit pas de solution universellement applicable pour résoudre de tels dilemmes éthiques.

Oppenheimer pensait que les scientifiques possédaient des connaissances et une expertise uniques qui les rendaient qualifiés pour plaider en faveur de pratiques scientifiques responsables. Cependant, les critiques soutiennent que les scientifiques manquent souvent d'une compréhension globale des dimensions sociales, culturelles et politiques des questions abordées dans leurs recherches. Sans ce contexte sociétal plus large, les scientifiques pourraient par inadvertance négliger ou sous-évaluer les facteurs clés qui devraient être pris en compte dans l'évaluation éthique de leurs travaux.

Un autre défi pour la théorie d'Oppenheimer réside dans la recherche d'un équilibre délicat entre liberté scientifique et contraintes éthiques. S'il est crucial de favoriser un environnement ouvert à l'exploration et à l'innovation scientifiques, imposer trop de restrictions éthiques ou étouffer la curiosité et la créativité scientifiques peut entraver le progrès des connaissances et entraver les progrès de la société. Trouver le juste équilibre entre liberté scientifique et considérations éthiques reste un défi permanent qui nécessite un dialogue et une collaboration continus entre les scientifiques, les décideurs politiques et les éthiciens.

La théorie d'Oppenheimer émane principalement d'une perspective occidentale sur l'éthique et la société. Les critiques soutiennent que ce point de vue ne tient peut-être pas suffisamment compte de la diversité des cadres culturels et éthiques prédominants dans les différentes parties du monde.

Chaque culture possède son propre ensemble de valeurs, de normes et d'attentes sociétales, qui peuvent nécessiter des considérations et des cadres éthiques uniques. L'intégration de perspectives multiples et de la diversité culturelle dans le discours sur l'utilisation responsable des connaissances scientifiques est cruciale pour éviter d'imposer des points de vue ethnocentriques et garantir l'inclusion dans les discussions éthiques.

À la lumière des critiques et des défis présentés, la théorie d'Oppenheimer doit être considérée comme un point de départ plutôt que comme un cadre définitif pour le rôle de la science dans la société. Compte tenu de la complexité et de la nature évolutive des considérations éthiques en science, il devient nécessaire d'adapter et d'affiner continuellement la théorie. Cette adaptation nécessite d'incorporer une pluralité de perspectives éthiques, d'adopter une collaboration interdisciplinaire et de rechercher activement les contributions de divers contextes culturels et sociaux.

La théorie d'Oppenheimer constitue une base précieuse pour examiner les implications éthiques de la recherche et du développement scientifiques. Cependant, il est important de reconnaître et de répondre aux critiques et aux défis auxquels elle est confrontée. En engageant un dialogue continu, en adoptant diverses perspectives et en adaptant la théorie au paysage scientifique et sociétal en constante évolution, nous pouvons développer un cadre plus solide et plus inclusif qui favorise des pratiques scientifiques responsables et favorise l'amélioration de la société dans son ensemble. La mise en pratique de la théorie d'Oppenheimer nécessite une approche multidimensionnelle impliquant les scientifiques, les décideurs politiques et la société dans son ensemble. Explorons quelques mesures pratiques qui peuvent être prises pour intégrer des considérations éthiques dans la recherche scientifique et son impact sociétal.

Les scientifiques devraient recevoir une formation complète en matière d'éthique et de conduite responsable de la recherche. Cela comprend l'éducation aux principes éthiques, aux cadres de prise de décision éthique et aux discussions sur les conséquences sociétales potentielles des progrès scientifiques. En inculquant une base éthique solide dès le début de leur carrière, les scientifiques seront mieux équipés pour examiner de manière proactive les implications éthiques de leurs travaux.

Les organismes institutionnels et professionnels devraient établir des conseils ou comités d'examen éthique chargés d'évaluer les aspects éthiques des propositions et des projets de recherche. Ces comités devraient comprendre des experts de divers domaines, notamment l'éthique, les sciences sociales et le droit, pour garantir une évaluation complète. En intégrant des évaluations éthiques dans le processus de recherche, les scientifiques peuvent résoudre d'éventuels dilemmes éthiques et prendre des décisions éclairées sur l'utilisation responsable des connaissances scientifiques.

Les scientifiques doivent collaborer activement avec le public, les décideurs politiques et les autres parties prenantes pour favoriser le dialogue et communiquer leurs recherches dans un langage accessible. Cet engagement peut inclure des conférences publiques, des interviews avec les médias et la participation à des discussions politiques. En partageant leur expertise et en répondant aux préoccupations du public, les scientifiques peuvent contribuer à façonner le discours sur les progrès scientifiques et plaider en faveur de pratiques responsables.

La collaboration entre scientifiques de différentes disciplines, ainsi que l'engagement avec les décideurs politiques et autres parties prenantes, sont essentiels pour relever des défis sociétaux complexes. Des équipes de recherche interdisciplinaires peuvent se réunir pour comprendre les implications plus larges des progrès scientifiques et travailler à l'élaboration de solutions conformes aux valeurs et aux besoins de la société. Cette collaboration facilite l'intégration de diverses perspectives et garantit une évaluation éthique complète.

Les organismes de réglementation et les décideurs politiques jouent un rôle crucial pour garantir une utilisation responsable des connaissances scientifiques. Des cadres de gouvernance éthique, des lois et des réglementations doivent être établis pour surveiller et guider le développement, la mise en œuvre et l'impact des progrès scientifiques. La création d'un système de freins et contrepoids permet d'atténuer les risques potentiels et de garantir que le progrès scientifique sert le bien commun.

La mise en pratique de la théorie d'Oppenheimer nécessite un effort concerté de la part des scientifiques, des décideurs politiques et de la société. En intégrant des considérations éthiques dans la recherche scientifique et en nous engageant dans des processus décisionnels transparents et inclusifs, nous pouvons œuvrer en faveur d'une utilisation responsable des connaissances scientifiques. Cette approche garantit que la science reste un moteur de transformation sociétale positive, promouvant les valeurs d'éthique, de durabilité et de bien-être sociétal. En adoptant la philosophie d'Oppenheimer, nous posons les bases d'un avenir dans lequel progrès scientifique et progrès sociétal vont de pair.

Un aspect crucial de la mise en œuvre de la théorie d'Oppenheimer est l'engagement et l'éducation du public. Pour favoriser une utilisation responsable des connaissances scientifiques, les scientifiques doivent s'engager activement auprès du public et l'éduquer sur des questions scientifiques complexes. Cela peut se faire par le biais de programmes de sensibilisation scientifique, de conférences publiques et d'expositions interactives dans les musées et les centres scientifiques. En promouvant la culture scientifique et en améliorant la compréhension du public par rapport à la science, les scientifiques peuvent donner aux individus les moyens de prendre des décisions éclairées et de participer aux discussions sur les implications sociétales des progrès scientifiques.

La théorie d'Oppenheimer peut être appliquée à l'échelle mondiale en promouvant la collaboration internationale et le partage des responsabilités. Dans un monde interconnecté, les progrès scientifiques ont des impacts considérables qui transcendent les frontières nationales. Les scientifiques, les décideurs politiques et les organisations devraient travailler ensemble au-delà des frontières pour relever les défis mondiaux tels que le changement climatique, les pandémies et les risques technologiques. En favorisant la coopération internationale et le partage des connaissances, nous pouvons aborder ces questions complexes avec une responsabilité collective qui va au-delà des intérêts individuels.

Les agences et institutions de financement devraient intégrer des évaluations éthiques dans leurs processus décisionnels. Cela implique d'examiner attentivement les avantages et les risques sociétaux potentiels associés aux projets de recherche avant d'allouer des ressources. En accordant la priorité au financement de recherches qui s'alignent sur des pratiques scientifiques responsables et abordent des problèmes sociétaux urgents, nous pouvons garantir que les efforts scientifiques soutiennent le bien-être des communautés et le développement durable de la société.

L'élaboration et la mise en œuvre de lignes directrices éthiques et de codes de conduite sont essentielles à la promotion de pratiques scientifiques responsables. Ces lignes directrices devraient couvrir des sujets tels que l'intégrité de la recherche, la gestion des données et l'utilisation responsable des technologies émergentes. Les institutions, les sociétés professionnelles et les organisations scientifiques peuvent jouer un rôle crucial dans l'élaboration et l'application de ces lignes directrices, en fournissant aux scientifiques un cadre pour gérer les complexités éthiques de leur travail.

Enfin, la théorie d'Oppenheimer devrait encourager une réflexion éthique continue et une évolution des pratiques scientifiques. Les considérations éthiques ne sont pas statiques et, à mesure que les valeurs et les besoins de la société évoluent, les scientifiques doivent adapter leurs cadres éthiques en conséquence. Des discussions, débats et révisions régulières des lignes directrices éthiques devraient être encouragés pour garantir que les progrès scientifiques s'alignent sur l'évolution des priorités et des préoccupations de la société.

La mise en œuvre de la théorie d'Oppenheimer nécessite une approche holistique et inclusive. En favorisant l'engagement et l'éducation du public, en donnant la priorité à la collaboration internationale, en intégrant des évaluations éthiques dans les décisions de financement, en élaborant des lignes directrices éthiques et en s'engageant dans une réflexion éthique continue, les scientifiques et la société peuvent évoluer vers une approche plus responsable et éthique du progrès scientifique. En intégrant l'éthique comme principe directeur, nous pouvons exploiter l'immense potentiel de la science pour relever les défis sociétaux et améliorer le bien-être des générations actuelles et futures.

Théorie d'Oppenheimer sur la chromodynamique quantique

J. Robert Oppenheimer, réputé pour ses contributions à la physique nucléaire et à l'astrophysique, a également apporté des contributions notables au domaine de la physique des particules. Oppenheimer s'intéressait vivement à la compréhension des forces et interactions fondamentales régissant le comportement des particules subatomiques. Dans ce chapitre, nous explorons la théorie de la chromodynamique quantique (QCD) d'Oppenheimer, en nous concentrant sur ses conceptualisations et ses propositions liées à la forte interaction entre les quarks.

L'interaction forte est l'une des forces fondamentales de la nature, responsable de la liaison des quarks pour former des protons, des neutrons et d'autres hadrons. Dans les années 1960, la théorie de l'interaction forte en était encore à ses balbutiements. Oppenheimer a reconnu la nécessité d'un cadre théorique complet pour décrire le comportement des quarks et la force puissante qui les maintient ensemble. Il a proposé un modèle conceptuel qui deviendra plus tard le fondement du QCD.

La théorie d'Oppenheimer a introduit le concept de charge de couleur, une propriété portée par les quarks qui détermine leur participation à l'interaction forte. Semblable à la charge électrique en électromagnétisme, la charge de couleur est une propriété fondamentale des particules subatomiques. Cependant, contrairement à la charge électrique, la charge de couleur se décline en trois types : rouge, verte et bleue. Oppenheimer a émis l'hypothèse que les quarks portent ces charges colorées et que les interactions entre les quarks sont médiées par des particules appelées gluons.

La théorie d'Oppenheimer aborde également le phénomène déroutant du confinement des quarks, où des quarks isolés ne peuvent jamais être observés dans la nature. Il a proposé que la force forte agisse de telle manière qu'elle devienne plus forte à mesure que les quarks s'éloignent. Ce phénomène, connu sous le nom de confinement des quarks, explique pourquoi les quarks sont perpétuellement liés aux hadrons et ne peuvent pas exister sous forme de particules libres.

Au début des années 1970, la théorie d'Oppenheimer sur la QCD a été développée par les physiciens David Gross, Frank Wilczek et David Politzer. Ils ont découvert une propriété remarquable de l'interaction forte connue sous le nom de liberté asymptotique. Selon leurs découvertes, à très hautes énergies, la force forte s'affaiblit, permettant aux quarks et aux gluons de se déplacer plus librement. Ce concept a révolutionné notre compréhension de l'interaction forte et a valu à Gross, Wilczek et Politzer le prix

Nobel de physique en 2004. La théorie d'Oppenheimer a également introduit le concept de constante de couplage courante en QCD. La constante de couplage représente la force de la force forte. Contrairement à d'autres forces fondamentales, telles que l'électromagnétisme, l'intensité de la force forte dépend de la distance entre les quarks en interaction. La constante de couplage en cours décrit comment la force de la force forte change avec l'énergie ou la distance. Ce concept joue un rôle crucial dans la compréhension de la dynamique de l'interaction forte.

La théorie d'Oppenheimer sur la QCD, ainsi que les développements ultérieurs de Gross, Wilczek, Politzer et d'autres, ont été largement validés par des expériences. Les prédictions de la QCD ont été testées et confirmées dans des accélérateurs de particules, fournissant des preuves solides de l'existence de quarks, de gluons et de la nature fondamentale de la force forte. La QCD fait désormais partie intégrante du modèle standard de la physique des particules, fournissant un cadre théorique pour comprendre le comportement des quarks et l'interaction forte.

L'impact des contributions d'Oppenheimer dans le domaine de la QCD s'étend au-delà du domaine de la physique des particules. Comprendre la dynamique de la force forte a eu des implications pour la physique nucléaire, l'astrophysique et la cosmologie. L'étude de la CDQ a permis de mieux comprendre le comportement de la matière dans des conditions extrêmes, comme dans l'univers primitif ou au cœur des étoiles à neutrons.

Même si la théorie d'Oppenheimer sur la CDQ a remarquablement réussi à expliquer cette forte interaction, plusieurs questions et défis restent ouverts. L'un des principaux efforts en cours dans la recherche sur la QCD consiste à comprendre plus en profondeur le mécanisme de confinement et à fournir un cadre théorique rigoureux pour le décrire. De plus, comprendre le rôle de la QCD dans l'unification des forces fondamentales de la nature, dans le cadre d'une théorie plus large du tout, reste un domaine de recherche actif.

Les contributions d'Oppenheimer au domaine de la physique des particules, en particulier sa théorie de la chromodynamique quantique, ont eu un impact durable sur notre compréhension de l'interaction forte et du comportement des quarks. Ses conceptualisations de la charge de couleur, du confinement des quarks et de la constante de couplage courante ont jeté les bases d'un cadre théorique complet qui a été largement validé par des observations expérimentales. La théorie de la QCD continue d'être un domaine de recherche dynamique, qui guide notre compréhension des forces fondamentales de la nature et de leur rôle dans la formation de l'univers. Le travail pionnier d'Oppenheimer en matière de QCD témoigne de ses prouesses intellectuelles et de son vif intérêt pour la résolution des mystères du monde subatomique.

Même si la théorie d'Oppenheimer sur la CDQ se concentre principalement sur la compréhension scientifique de la forte interaction entre les quarks, les considérations éthiques sont également pertinentes dans le contexte de cette recherche. Explorons certaines des implications et considérations éthiques découlant de la théorie d'Oppenheimer sur la CDQ.

Les connaissances scientifiques et les technologies dérivées de l' étude de la QCD peuvent avoir des applications à double usage, ce qui signifie qu'elles peuvent être utilisées à la fois à des fins bénéfiques et potentiellement nuisibles. Par exemple, la compréhension de la force forte et du comportement des quarks peut contribuer au développement de technologies énergétiques avancées, mais elle peut également avoir des implications pour le développement de systèmes d'armes avancés. Les scientifiques et les décideurs politiques doivent considérer l'utilisation responsable et les conséquences potentielles des informations et des technologies dérivées de la théorie d'Oppenheimer pour garantir que leur utilisation est conforme aux principes éthiques et aux considérations de sécurité mondiale.

L'étude de la QCD et la recherche connexe nécessitent des ressources substantielles, notamment du financement, des infrastructures scientifiques et du capital humain. Des considérations éthiques surviennent lors de la détermination de l'allocation de ces ressources. Équilibrer les investissements dans la recherche scientifique fondamentale, telle que la QCD, avec l'allocation de ressources vers des défis sociétaux urgents, tels que les soins de santé, la pauvreté et la conservation de l'environnement, pose des questions éthiques concernant la priorisation des ressources et la maximisation des avantages sociétaux.

Les avantages découlant de l'étude de la QCD, tels que les progrès technologiques et les connaissances scientifiques, devraient être équitablement répartis entre les différents groupes sociétaux et pays. Il est essentiel de garantir que les résultats de la recherche issue de la théorie d'Oppenheimer n'exacerbent pas les inégalités existantes et que les connaissances et les technologies qui en découlent présentent de vastes avantages pour la société et favorisent le bien-être mondial. Cela nécessite de promouvoir un accès équitable aux opportunités de recherche, de partager les connaissances scientifiques et de favoriser la collaboration internationale.

Les considérations éthiques s'étendent également à la conduite de la recherche elle-même. Les scientifiques qui étudient la QCD doivent adhérer aux principes d'intégrité de la recherche, notamment le traitement responsable des données, l'attribution appropriée de crédits et le traitement éthique des sujets de recherche, le cas échéant. Assurer la transparence, la rigueur et une conduite éthique dans la recherche des connaissances dérivées de la théorie d'Oppenheimer est essentiel pour maintenir l'intégrité scientifique et maintenir la confiance du public dans l'entreprise scientifique.

Il est crucial de promouvoir l'engagement du public et le discours éthique concernant les implications de la théorie d'Oppenheimer sur la CDQ. Les scientifiques devraient collaborer avec le public, les décideurs politiques et les autres parties prenantes pour favoriser le dialogue et fournir des informations accessibles sur la recherche et ses implications éthiques potentielles. La contribution et la participation du public peuvent contribuer à des processus décisionnels éclairés, aider à façonner les orientations de la recherche et garantir que les considérations éthiques sont prises en compte dans l'étude de la QCD.

Les considérations éthiques sont étroitement liées à la théorie d'Oppenheimer sur la QCD. Étant donné que les progrès scientifiques découlant de l'étude de la QCD ont des implications sociétales importantes, il devient essentiel d'aborder ces considérations éthiques de manière proactive. En intégrant des cadres éthiques, en participant au discours public, en garantissant une conduite responsable de la recherche et en promouvant un accès équitable aux avantages des progrès scientifiques, nous pouvons exploiter le potentiel de la théorie d'Oppenheimer sur la QCD d'une manière éthique et socialement responsable.

L'intégration de l'éthique dans l'étude de la QCD nous permet de naviguer dans les intersections complexes entre la science, la technologie et le bien-être sociétal, favorisant ainsi une approche plus inclusive et durable de la recherche scientifique et de ses applications.

Conclusion de livre

Dans le domaine de la recherche scientifique, l'impact des théories de Robert Oppenheimer ne peut être surestimé. Ce livre s'est efforcé de mettre en lumière l'éclat intellectuel et les profondes implications de son œuvre. Alors que nous arrivons à la conclusion de ce livre, nous sommes impressionnés par la curiosité insatiable d'Oppenheimer, sa quête incessante de connaissances et l'héritage qu'il a laissé derrière lui.

Au fil des pages de ce livre, nous avons suivi l'odyssée intellectuelle d'Oppenheimer, explorant les subtilités de ses théories qui ont repoussé les limites de la compréhension humaine. Sa fascination pour la mécanique quantique, la cosmologie et la nature de l'existence nous a permis d'entrevoir le profond mystère qui se cache au cœur de l'univers. Nous avons vu comment les Idées Innovantes d'Oppenheimer ont transformé notre compréhension du tissu sous-jacent de la réalité et ont propulsé l'humanité vers de nouvelles frontières de l'exploration scientifique.

Notamment, les théories d'Oppenheimer ont également soulevé d'importantes questions éthiques, gravant à jamais son nom dans les pages de l'histoire. Son implication dans le projet Manhattan et le développement de la bombe atomique ont jeté une ombre obsédante sur son héritage, nous obligeant à affronter la double nature de la découverte scientifique. En réfléchissant aux contributions d'Oppenheimer, nous nous souvenons de l'immense responsabilité qui accompagne les grands progrès scientifiques.

Ce livre souligne également comment les théories d'Oppenheimer ont transcendé le domaine scientifique, abordant les complexités philosophiques qui émergent de nos tentatives pour comprendre les mystères de l'univers. Les recherches intellectuelles d'Oppenheimer ont mis l'accent sur l'interconnexion de toutes choses, nous humiliant alors que nous sommes confrontés à l'immensité des phénomènes cosmiques et remettons en question nos notions préconçues de la réalité.

En fin de compte, ce livre rend hommage à la nature curieuse de l'humanité, nous poussant à rechercher continuellement la connaissance, même face à l'incertitude. Cela nous rappelle que même si les théories d'Oppenheimer peuvent parfois être complexes et énigmatiques, elles incarnent l'esprit d'exploration scientifique implacable qui propulse notre espèce vers l'avant, cherchant toujours à percer les mystères de notre existence.

En conclusion, ce livre invite les lecteurs à plonger dans l'esprit d'un brillant scientifique, à contempler ses théories et à apprécier le profond impact de ses activités intellectuelles. Il met en lumière l'interaction complexe de la science, de la philosophie et de l'esprit humain, nous encourageant à embrasser les énigmes de l'univers et à continuer de repousser les limites de la connaissance humaine. Alors que nous concluons ce voyage, gardons avec nous les leçons apprises d'Oppenheimer, en valorisant toujours la recherche de la connaissance et les possibilités infinies qu'elle offre.